Erneuerbare Energien in den Niederlanden

Danyel Reiche

Erneuerbare Energien in den Niederlanden

Pfadabhängigkeiten, Akteure, Belief Systeme und Restriktionen

Mit einem Vorwort von Maarten Arentsen

PETER LANG
Frankfurt am Main · Berlin · Bern · Bruxelles · New York · Oxford · Wien

Bibliografische Information Der Deutschen Bibliothek
Die Deutsche Bibliothek verzeichnet diese Publikation in der Deutschen Nationalbibliografie; detaillierte bibliografische Daten sind im Internet über <http://dnb.ddb.de> abrufbar.

Gefördert durch das
Stipendienprogramm der
Deutschen Bundesstiftung Umwelt

DBU

Deutsche Bundesstiftung Umwelt
An der Bornau 2, 49090 Osnabrück, www.dbu.de

ISBN 3-631-39911-1

www.peterlang.de

Vorwort

Danyel Reiche identifiziert in dieser Veröffentlichung die Barrieren, denen erneuerbare Energien in den Niederlanden ausgesetzt sind. Eine solche Veröffentlichung ist deshalb von hohem Nutzen, weil die holländischen Versuche, der Energieversorgung ein grünes Gesicht zu geben, bislang alles andere als erfolgreich gewesen sind. Nur Belgien und Großbritannien haben in der EU einen noch geringeren Anteil erneuerbarer Energien im Strommarkt vorzuweisen.

Die Antriebskräfte für den notwendigen Transformationsprozess sind der Klimawandel und die Herausforderung, Kohlendioxid-Emissionen zu verringern. Indem die fossile Basis der Stromproduktion aufgegeben wird und ein Wechsel zu erneuerbaren Energien erfolgt, wird dazu ein Beitrag geleistet.

Eine zentrale und spezifisch niederländische Restriktion für einen solchen Transformationsprozess sind die heimischen Gas-Vorräte. Seit der Entdeckung riesiger Reserven Anfang der 1960er Jahre hat Gas die inländische Energiepolitik dominiert. Neben der Verfügbarkeit eigener Vorkommen können Bedeutungsanstieg und Dominanz von Gas durch drei weitere Entwicklungen erklärt werden: erstens die Ölkrisen in den 1970er Jahren, die die Notwendigkeit der Brennstoffdiversifizierung und des Abbaus der Importabhängigkeit deutlich machten.

Zweitens bekam Gas Auftrieb durch das Desaster von Tschernobyl 1986. Dies war der endgültige Todesstoß für alle Kernenergie-Pläne in den Niederlanden. Bis dahin wurde Atomenergie von der Stromwirtschaft und ihren politischen Verbündeten als einzige realistische Alternative zur fossil-basierten Elektrizitätsproduktion betrachtet. Ungeachtet dessen war Kernenergie wie in vielen anderen Industrieländern auch hochgradig umstritten und die Kritiker nutzten das Kraftwerksunglück in der Ukraine, um ihre Sichtweise durchzusetzen.

Schließlich ist die Gas-Nutzung auch durch die Klimaschutz-Politik vorangetrieben worden. Gas ist der sauberste fossile Energieträger. Indem er in Verbindung mit effizienten Technologien weiter eingesetzt worden ist, haben die Niederländer durchaus gezeigt, dass sie den Klimaschutz ernst nehmen. Zugleich hat die Dominanz von Gas aber verhindert, dass erneuerbare Energien-Technologien von Politik und Stromwirtschaft als eine ernsthafte Alternative begriffen worden sind. Beispielhaft dafür ist die Geschichte der holländischen Windturbinen-Industrie zu nennen. Diese ist zwar lange Zeit von den niederländischen Regierungen unterstützt worden, aber als es darauf ankam, die Markteinführung zu unterstützen, blieben Initiativen im notwendigen Umfang aus.

Ernsthaft auf die Agenda des Elektrizitätssystems kamen regenerative Energien erst in der zweiten Hälfte der 1990er Jahre. Neben dem gestiegenen Problembewusstsein ist dies vor allem auf die Vorbereitungen der Stromwirtschaft auf die Marktliberalisierung zurückzuführen. In diesem sich wandelnden Umfeld öffnete sich die holländische Elektrizitätswirtschaft für erneuerbare Energien. Bis dahin kann die Geschlossenheit der Stromwirtschaft und ihre mächtige Interessenvertretung als eine zentrale Restriktion identifiziert werden. Lange Zeit gab es kaum Unterstützung seitens der Stromwirtschaft für grünen Strom. Generell sind Versuche, die inländische Energieversorgung zu dezentralisieren, von der holländischen Elektrizitätswirtschaft nach Kräften behindert worden. Selbst die Kraft-Wärme-Kopplung, die der vorherrschenden zentralen Produktion noch vergleichsweise nahe steht, erhielt zu keinem Zeitpunkt Unterstützung. Erst als das Elektrizitätsgesetz von 1989 Produktion und Verteilung von Strom trennte, konnten sich die Bedingungen für dezentrale Stromproduktion verbessern. Das 1989er Gesetz schwächte zugleich sukzessive die starke, bis dahin einheitliche Koalition in der Stromwirtschaft, weil sich von nun an unterschiedliche Interessen herausbildeten. In diesem Umfeld verbesserten sich auch die Chancen für erneuerbare Energien. Trotz einiger positiver Veränderungen liegt der holländische Anteil erneuerbarer Energien noch immer hinter den politischen Ambitionen. Das Land hat Schwierigkeiten beim Finden von geeigneten Standorten für große Windparks, während sich Biomasse-Technologien noch in der Entwicklungsphase oder im Pilotbetrieb befinden. Diese beiden erneuerbaren Energien sind aber die viel versprechendsten regenerativen Optionen in den Niederlanden. Investitionen im Windsektor stellen ein komplexes und zeitaufwendiges Unterfangen dar. Lokale Verwaltungen sind oft alles andere als enthusiastisch, wenn Projekte in ihrem Gebiet realisiert werden sollen. Immerhin hat die Industrie das Marktpotenzial von grünem Strom entdeckt, weil es im liberalisierten Markt eine entsprechende Nachfrage seitens der Verbraucher gibt. Die gleichen Unternehmen bleiben aber im Hinblick auf Investitionen sehr zurückhaltend, weil sie angesichts der dargestellten Restriktionen den Markt als einen Risikomarkt wahrnehmen und daher lieber in Kapazitäten im Ausland investieren.

Das vorliegende Buch von Danyel Reiche analysiert Kernpunkte sowie Möglichkeiten und Grenzen der holländischen Erneuerbare-Energien-Politik. Es liefert eine Binnensicht zum politisch-institutionellen Kontext von Verhandlungen, Interessenausgleich und trägen politischen Aushandlungs-prozessen. Ich möchte dieses Buch deshalb empfehlen, weil es einem überzeugenden analytischem Gerüst folgt und einen konkreten Beitrag zur Politikberatung liefert, indem es aufzeigt, welche Restriktionen zu überwinden sind. Damit ist dieses Buch nicht nur für (Politik-)Wissenschaftler, sondern auch für Investoren, Politiker und Journalisten eine gewinnbringende Lektüre.

Dr. Maarten Arentsen
Managing Director
Center for Clean Technology and Environmental Policy
University of Twente, The Netherlands

Danksagung

Grundlage für diese Schrift war ein Forschungsaufenthalt am Center for Clean Technology and Environmental Policy an der University of Twente im niederländischen Enschede von September bis Dezember 2001. In diesem Zusammenhang danke ich Herrn PD Dr. Lutz Mez, Geschäftsführer der Forschungsstelle für Umweltpolitik, dass er die Verbindung zum CSTM hergestellt hat.

Im Anhang dieser Schrift sind meine Interviewpartner aus Politik, Verwaltung, Wirtschaft, Wissenschaft und Journalismus aufgelistet, die ich während meines Niederlande-Aufenthaltes aufgesucht habe. Ihnen danke ich für Ihre Bereitschaft zu (oftmals mehrstündigen) Gesprächen sowie Ihre interessanten Einschätzungen. Einige der Interviewten standen mir auch darüber hinaus fortlaufend für (elektronische) Auskünfte zur Verfügung - Willem van der Heul und Dr. Gerrit Jan Zijlstra möchte ich in diesem Zusammenhang namentlich hervorheben. Dr. Maarten Arentsen, Dr. Peter Hofman, Dr. Geert Verbong, Dr. Maarten Wolsink und Dr. Gerrit Jan Zijlstra haben einen ersten Entwurf dieser Studie gegen gelesen und mir wichtige inhaltliche Hinweise für die anschließende Überarbeitung gegeben. Anregungen habe ich auch durch die Diskussion dieser Studie im Forschungscolloquium der Forschungsstelle für Umweltpolitik durch meinen Betreuer Prof. Dr. Martin Jänicke und Kollegen sowie im CSTM-Colloquium bekommen.

Nicht aufgeführt habe ich im Verzeichnis der Interviewpartner die zahlreichen Gespräche mit Kollegen vom CSTM. Besonders danken möchte ich Maarten Arentsen, Valentina Dinica und Peter Hofman, die mir geduldig wiederholt für Gespräche zur Verfügung standen. Auch hat es anregende Treffen mit folgenden CSTM-Kollegen gegeben (in alphabetischer Reihenfolge): Dr. Theo J.N.M. de Bruijn, Dr. Frans H.J.M. Coenen, Stefan M.M. Kuks, Dave Huitema, Dr. Kris Lulofs, Edvin Marquart, Dr. Geerten J.I. Schrama und Dr. Johan Woltjer. Diese Gespräche hatten in der Regel einen offeneren Charakter als die Interviews, die dem (ebenfalls im Anhang) wiedergegebenen Leitfaden folgten. Daher ist es auch nicht sinnvoll, diese Gespräche in die Interviewliste aufzunehmen. Gleichwohl habe ich durch sie viele Anregungen und zahlreiches Material bekommen.

Vielfältige Unterstützung während meiner Zeit in Enschede bekam ich auch von Ada Krooshoop und Marco Borggreve aus der Verwaltung.

Einige meiner Studenten bzw. Kollegen waren so freundlich, das fertige Manuskript zu lesen und Rechtschreibfehler aufzuspüren. In diesem Zusammenhang danke ich Mischa Bechberger, Raimo Becker, Stefan Körner, Stefan Lindemann, Dirk Machentanz, Carsten Ruhman und Thorsten Schmidt.

Stefan Körner danke ich, dieses Buch entsprechend den Verlagsvorgaben formatiert und mir bei der Erstellung von Abbildungen geholfen zu haben.

Ich freue mich, dass Dr. Maarten Arentsen dass Vorwort für dieses Buch beigesteuert hat. Ich danke der Deutschen Bundesstiftung Umwelt und ihrem für mich zuständigen Mitarbeiter Dr. Maximilian Hempel für die Förderung durch das DBU-Habilitationsstipendienprogramm und die Unterstützung bei dieser Veröffentlichung. Ich danke Michael Rücker vom Peter Lang Verlag für die erneut gute Zusammenarbeit, nicht nur bei diesem Buch, sondern auch beim zeitgleich erscheinendem, von mir herausgegebenen „Handbook of Renewable Energies in the European Union. Case Studies of all Member States".
Ungeachtet der vielen Dankeschöns soll aber betont werden: für mögliche Fehler und Unzulänglichkeiten bin selbstverständlich allein ich verantwortlich.

Dr. Danyel Reiche, Berlin/Hannover im Juni 2002

Inhaltsverzeichnis

Tabellenverzeichnis

Abbildungsverzeichnis

1. Einführung ins politisch-rechtliche System der Niederlande und aktuelle Situation des Landes

Die Niederlande werden außerhalb ihrer Landesgrenzen gerne mit Holzschuhen, Coffee-Shops, Tulpen, Kroketten und Käse in Verbindung gebracht. Aber bereits eine solche Auflistung gängiger Klischees kommt nicht am Forschungsgegenstand vorbei: Auch die holländische Windmühle ist weltweit ein Begriff und noch immer sind ungefähr 1.000 solcher traditionell arbeitenden Mühlen in Betrieb (Website Minez). In diesem einleitenden Abschnitt soll es aber zunächst darum gehen, einige grundlegende Daten zu den Niederlanden zu präsentieren und in das politisch-rechtliche System sowie die aktuelle Lage des Landes einzuführen.

In den Niederlanden leben auf einer Fläche von 41.526 Quadratkilometern über 16 Millionen Menschen. Während das Land im weltweiten Ranking bei der Fläche nur auf Platz 132 liegt, belegt es bei den Einwohnern Rang 56. Die Bevölkerungsdichte zählt damit zur dritthöchsten in der Welt. In den Niederlanden leben 385 Menschen auf einem Quadratkilometer (siehe Tabelle 2).

Hauptstadt der Niederlande ist Amsterdam. Der Regierungssitz ist im benachbarten Den Haag angesiedelt. Neben diesen beiden Städten zählt Rotterdam zu den Metropolen in Holland[1]. Alle anderen Städte haben deutlich weniger als 300.000 Einwohner. Amtssprache ist Niederländisch. In Friesland wir auch noch Friesisch gesprochen. Etwa ein Viertel der Niederlande liegt unter dem Meeresspiegel. Ein effektives Wasser-Management, etwa der Bau von Deichen, zählt damit seit jeher zu den größten Herausforderungen des Landes.

Die Niederlande sind seit 1848 eine parlamentarische Monarchie. Königin Beatrix, die seit 1980 im Amt ist, nimmt eine wichtige integrative Funktion wahr, wie etwa nach der größten Katastrophe in der jüngsten Landesgeschichte, dem Brand einer Feuerwerksfabrik im Mai 2000 in Enschede und der von ihm ausgehenden Vernichtung eines ganzen Wohnviertels mit zahlreichen Todesopfern, wieder deutlich wurde (vgl. taz vom 27.12. 2000: 5). Eine ernsthafte Diskussion über die Abschaffung der Monarchie findet in den Niederlanden nicht statt, wohl auch deshalb, weil die Königin zwar formal an höchster Stelle steht, sich real aber den im Kabinett getroffenen Entscheidungen anschließt.

Bis Ende der 1960er Jahre wurden die Niederlande durch fünf Versäulungsparteien dominiert: die sozialdemokratische PvdA, die katholische KVP, die beiden protestantischen CHU (bürgerlich-konservativ) und ARP (orthodox-calvinistisch) sowie die liberal-konservative VVD. Ab Anfang der 1970er Jahre hat sukzessive ein Entsäulungsprozess in der niederländischen Gesellschaft statt gefunden, u.a. durch erste Anzeichen postmaterialistischer

---

[1] Holland und die Niederlande werden synonym verwendet, d.h. es gibt zwei Namen für ein und dasselbe Land, obwohl Holland auch der Name einer Provinz ist.

Wertorientierungen, der Bürgerinitiativen- und Studentenbewegung, neuer Anti-Versäulungsparteien und dem Nachlassen des wirtschaftlichen (Nachkriegszeit) und außenpolitischen (Kalte Krieg) Integrationsdrucks. Ein Beleg für den Entsäulungsprozess war 1975 der Zusammenschluss von drei konfessionellen Parteien zur Volkspartei CDA. Auch im Gewerkschaftsbereich kam es zu Fusionen sozialistischer, protestantischer und katholischer Gruppen. Trotz des Entsäulungsprozesses, betont Lepszy (1999: 346), sind dennoch auch konkordanzdemokratische Elemente bewahrt worden: *„Die großen politischen Traditionen der Anerkennung pluralistischer Strukturen in der Gesellschaft, die Berücksichtigung von Minderheiten auch in Entscheidungs- und Gestaltungsprozessen, die ihnen gegenüber praktizierte Toleranz sowie ein ungebrochenes, historisch begründetes normales Selbstbewusstsein bei gleichzeitiger regionaler Diversivität wirken bis heute fort und sind in einem tiefen nationalen Konsens begründet.*"

In den Niederlanden gibt es ein Zweikammernsystem. Das Parlament setzt sich aus einer Ersten und einer Zweiten Kammer zusammen, gemeinsam werden sie die Generalstaaten genannt. Dieser Bikameralismus existiert bereits seit 1815. Die Wahlen zur Zweiten Kammer, der 150 Abgeordnete angehören, finden alle vier Jahre statt.

Es existiert in den Niederlanden ein Verhältniswahlrecht ohne Sperrklausel. Dadurch ist die Anzahl der im Parlament vertretenen Parteien traditionell hoch und es gibt immer Koalitionsregierungen, so dass stets eine Politik der Kompromisse zu betreiben ist. Auch außerhalb der Regierung sind Kom-promisse möglich und Oppositionsanträge anders als in vielen anderen Ländern nicht von vornherein zum Scheitern verurteilt.

Die Mitglieder der Ersten Kammer, die sich aus 75 Mitgliedern zusammensetzt, werden von den Abgeordneten der zwölf provinzialen Parlamente bestimmt.

Im Gesetzgebungsprozess obliegt das Initiativrecht der Regierung. Vorlagen des Kabinetts werden an den Staatsrat weitergeleitet. Er ist das höchste unabhängige Beratungsorgan der Regierung und befasst sich mit den rechtlichen Aspekten des Gesetzentwurfes. Häufig nimmt die Regierung darauf hin Veränderungen vor. Anschließend kann sich die Zweite Kammer mit der Regierungsinitiative befassen. Dies tut sie in ihren Ausschüssen. Nach der Zweiten hat die Erste Kammer ein so genanntes Beratungsrecht. Letztlich kann sie nur zustimmen oder ablehnen. Durch ein angedrohtes Veto kann sie die Regierungskoalition aber bereits im Vorfeld zu Veränderungen drängen. Der Gesetzgebungsprozess endet schließlich durch die Unterschrift von Königin und verantwortlichem Minister (Lepszy 1999: 340ff., Website Niederländisches Parlament).

Dass die Erste Kammer im Gesetzgebungsprozess nur ein Beratungsrecht hat, zeigt bereits, dass es in den Niederlanden keine ausgeprägte föderale Struktur gibt. Die Kompetenzen der Provinzialparlamente sind geringer als die der deutschen Landtage und es gibt keine vom Parlament gewählten Ministerpräsidenten, sondern von der Königin ernannte Kommissare.

Die Anzahl der Gemeinden hat sich durch Zusammenschlüsse sukzessive verringert und lag im Januar 2002 bei 496 (Website VNG). Für das Thema erneuerbare Energien spielen sie, wie weiter unten im Abschnitt über Restriktionen noch gezeigt wird, eine nicht unwichtige Rolle, weil sie bestimmte Verantwortungsbereiche weitgehend autonom regeln können.
Der für die Niederlande typische Neo-Korporatismus verpflichtet Staat, Arbeitgeber und Gewerkschaften zur Zusammenarbeit. Auf die beiden zentralen Gremien einer institutionalisierten Konfliktregelung, die Stiftung der Arbeit und den Sozial-Ökonomischen Rat, komme ich im Kapitel über die Akteure in der niederländischen Erneuerbare Energien Politik zurück.
Das Rechtssystem der Niederlande ist dadurch gekennzeichnet, dass keine Verfassungsgerichtsbarkeit existiert und Grundrechte damit nicht individuell einklagbar sind. Die Justiz ist hierarchisch gegliedert: die unterste Ebene besteht aus 62 Kantongerichten, es folgen 19 Distriktgerichte, fünf Gerichtshöfe sowie der Hohe Rat der Niederlande (Lepszy 1999: 357).
Im gegenwärtigen politischen Diskurs sind die Niederlande nicht zuletzt bekannt für ihre führende Rolle bei gesellschaftspolitischen Liberalisierungen (unter anderem Sterbehilfe, Einbürgerungsgesetz, Ehe-Möglichkeit für Homosexuelle, Freigabe weicher Drogen) und ihre positiven ökonomischen Daten. So kann sich der Finanzminister zur Zeit über einen Haushaltsüberschuss freuen. Sowohl in bezug auf das Wirtschaftswachstum wie auch auf den Beschäftigungsstand zählt Holland seit Mitte der 1980er Jahre zu den erfolgreichsten Nationen. Die Arbeitslosigkeitsrate ist nach Luxemburg die geringste in der Europäischen Union, es kann quasi von Vollbeschäftigung gesprochen werden[2]. Gerade bei der Einbindung von Frauen, älteren und niedrig qualifizierten Beschäftigten sowie der wachsenden Anzahl von auch männlichen Teilzeitbeschäftigten haben die Niederlande größere Erfolge als viele andere Länder zu verzeichnen. Das holländische Bruttosozialprodukt wuchs von 1985 bis 1997 im Jahresschnitt um 2,1 Prozent (Minez 2000: 7, 9, 90, 102). Die Stärke der niederländischen Volkswirtschaft ist auch daran ablesbar, dass das Land zu einer Gruppe von acht Ländern in der EU zählt, die Nettozahler sind[3]. Im Jahr 2000 leistete Holland Nettofinanztransfers in Höhe von 1,74 Milliarden Euro. Dies entspricht einem Anteil von 0,44 Prozent des niederländischen Bruttoinlandsprodukts (FAZ vom 13.6. 2002: 2).

---

2 Vielfach wird allerdings eingewendet, die tatsächliche Arbeitslosigkeit sei erheblich höher und die Statistik etwa durch eine im internationalen Vergleich überdurchschnittlich hohe Anzahl von Vorruheständlern geschönt (vgl. FAZ vom 25.1. 2002).

3 Die anderen sieben Länder, die im Jahr 2000 Nettofinanztransfers leisteten, waren Deutschland (9,27 Mrd. Euro/0,47 Prozent des BIP), Großbritannien (3,77/0,24), Frankreich (1,42/0,10), Schweden (1,18/0,50), Österreich (0,54/0,27), Belgien (0,33/0,13) und Luxemburg (0,07/0,35). Zu den sieben Nettoempfängern zählten Dänemark (0,17/0,10), Finnland (0,22/0,17), Italien (0,71/0,06), Irland (1,67/1,83), Portugal (2,11/1,83), Griechenland (4,37/3,61) und Spanien (5,06/0,86) (FAZ vom 13.6. 2002: 2).

Die holländische Ökonomie ist sehr offen. Der Export von Gütern und Dienstleistungen trägt fast zur Hälfte zum Bruttosozialprodukt bei (Hanf/Gronden 1998: 154).
Am 1. Januar 2002 wurde der niederländische Gulden durch den Euro abgelöst.
Auch für ihr entwicklungspolitisches Engagement dienen die Niederlande im internationalen Vergleich als Vorbild. Im Jahr 2000 wendete Holland 0,82 Prozent seiner Wirtschaftsleistung für die Entwicklungshilfe auf. Zum Vergleich: in den USA wurden 0,10, in Japan und Deutschland 0,27 und in Großbritannien 0,31 Prozent des Bruttosozialproduktes für die Dritte Welt ausgegeben (Das Parlament vom 22.3. 2002: 15).
Im Bereich der Umweltpolitik sind die Niederlande ein Pionierland bei der Einführung nationaler Umweltpolitikpläne (OECD 1995: 33, Jänicke/Jörgens 2000). Auch ist das Land für seine konsensbasierte Entscheidungsfindung und freiwilligen Vereinbarungen, so genannte *covenants,* bekannt[4]. Dass die staatlichen und privaten Umweltschutzausgaben mit zu den höchsten weltweit zählen (Minez 2000: 178) und der Fahrradanteil am gesamten Verkehr mit 27 Prozent in der EU an der Spitze liegt (zum Vergleich: in Deutschland sind es zwölf Prozent, vgl. Das Parlament vom 4.1. 2002: 12), wirft weitere Schlaglichter auf die Außenwahrnehmung der Niederlande als ein „grünes" Land, das bereits 1983 auch Vorreiter bei der Verankerung des Umweltschutzes im Grundrechtskatalog war (Lepszy 1999).
Im Energiebereich belegen die Niederlande einen Spitzenplatz bei der Effizienz. Sowohl bei den Emissionen von CO_2 wie auch bei NO_X und SO_2 pro 1.000 Tonnen Energieverbrauch kann Holland eine aus ökologischer Sicht führende Position vorweisen. Auch bei der Nutzung der Kraft-Wärme-Kopplung nehmen die Niederlande eine im Vergleich vordere Stellung ein (Arentsen/Hofman/Marquart 2000, Traube 1999: 59ff.).
Die Pionierrolle der Niederlande in der Umwelt- und Energiepolitik wird auch bestätigt durch eine Studie von Kollegen an der Forschungsstelle für Umweltpolitik zur „Diffusion umweltpolitischer Innovationen als Aspekt der Globalisierung" im Auftrag der VW-Stiftung. Darin ist das Übernahmeverhalten von 48 Ländern (alle 29 Länder der OECD sowie 19 mittel- und osteuropäische Länder) in Bezug auf 21 Innovationen untersucht worden. Ein interessantes Ergebnis der Untersuchung dabei war, dass Holland als einziges Land sämtliche Innovationen übernommen hat. Tabelle 1 zeigt den Einführungszeitpunkt (der Fokus liegt hier auf den Beschluss-, nicht den Implementationszeitpunkt) der betrachteten Neuerungen und gibt Aufschluss darüber, als wievielte Nation die Niederlande die entsprechende Innovation eingeführt haben. Die Holländer waren demnach zwar nie das schnellste Land, in vier Fällen jedoch an zweiter

---

4 Diese Konsense sind allerdings top-down organisiert und vernetzen in erster Linie die Eliten miteinander. Dies dürfte eine Erklärung für das von außen nur schwer verständliche Ergebnis der Parlamentswahlen von 2002 sein, bei der eine rechtspopulistische Partei ein zweistelliges Ergebnis erzielte. Auf die genauen Umstände wird im Akteurskapitel im Abschnitt über die Parteien noch ausführlicher eingegangen.

Stelle und bei allen anderen untersuchten Gesetzen immer unter den ersten zehn Plätzen (Busch/Jörgens 2002, Tews/Busch/Jörgens 2002, Tews 2002).
Das grundsätzlich sehr positive Bild, das in dieser Einleitung über die Niederlande gezeichnet worden ist, soll aber nicht ausklammern, dass sich bei einem Teil der holländischen Bevölkerung eine wachsende Unzufriedenheit mit bestimmten Entwicklungen breit gemacht hat. Als Beispiele seien eine steigende Inflation, höhere Verbrauchssteuern, überfüllte Straßen und Eisenbahnen, monatelanges Warten auf Operationstermine und Ängste vor einer Überfremdung der Gesellschaft genannt (vgl. FAZ vom 15.5. 2002: 13). Diese Sorgen sind auch eine Erklärung dafür, warum es im Jahr 2002 zu einem Regierungswechsel gekommen ist, worauf im Kapitel über die Parteien noch ausführlicher eingegangen wird.
Wie die Lage für regenerative Energien in den Niederlanden im Einzelnen ist, darum wird es in den nächsten Kapiteln gehen. Zunächst wird dafür - nach einer kurzen Darstellung der Definition erneuerbarer Energie in den Niederlanden - der Status Quo in der holländischen Energiepolitik dargestellt. Tabelle 2 fasst zuvor die relevantesten Zahlen, Daten und Fakten über die Niederlande zusammen.

Tabelle 1: Ausbreitung umweltpolitischer Innovationen in den Niederlanden (Quelle: Busch/Jörgens 2002).

Umweltpolitische Innovation	Name	Jahr	Platz OECD	Platz OECD + Osteuropa
Umweltrahmengesetz	Environmental Protection (General Provisions) Act	1979	6	8
Luftreinhaltegesetz	Air Pollution Act	1970	9	11
Abfallgesetz	Waste Substances Act	1977	7	7
Bodenschutzgesetz	Soil Protection Act	1986	5	11
Wasserschutzgesetz	Pollution of Surface Waters Act	1969	7	8
Naturschutzgesetz	Nature Conservation Act	1967	4	6
Umweltministerium	Ministry for Public Health and Environmental Protection	1971	2	2
Umweltamt	National Institute of Public Health and Env. Protection	1984	8	8
Umweltexpertengremium	Central Council on Environmental Protection	1980	6	6
Umweltschutz in der Verfassung	Artikel 21	1983	7	12
Umweltverträglichkeitsprüfung	Environmental Impact Assessment Act	1986	8	9
Umweltplan	NEPP	1989	2	2
Umweltinformationsgesetz	Freedom of Access to Information	1979	6	6
Förderung Erneuerb. Energien	Feed-In Tariff	1989	2	2
Verpackungsregelung	Law on Packaging Waste (1990 Packaging Covenant)	1997	7	7
Umweltzeichen	Stichting Milieukeur	1992	6	6
Umweltbericht	Report on the State of the Environment	1973	2	2
Nachhaltigkeitsrat	National Committee for Sustainable Development	1995	4	4
Energie-/CO2-Steuer	Energy/carbon tax	1992	5	5
Energieeffezienzlabel	Dutch Energy Savings Appliances Act	1996	8	8

Tabelle 2: Zahlen, Daten, Fakten - Die Niederlande im Überblick (Quellen: Fischer Weltalmanach 2002: 581, FAZ vom 5.5. 2002: 46, Website Minez)[5].

Staatsoberhaupt	Königin Beatrix
Regierungschef	Jan-Peter Balkenende
Staatsform	Parlamentarische Monarchie
Landessprache	Niederländisch, Friesisch (regional)
Hauptstadt	Amsterdam
Regierungssitz	Den Haag
Zahl der Gemeinden	496
Zahl der Provinzen	12
Fläche	41.526 km²
Einwohnerzahl	16.122.638 (März 2002)
Städtische Bevölkerung	89 %
Bevölkerungsdichte	385 je km²
Religion	Katholiken 31 % ; Protestanten 21 % ; Muslime 4 % ; Sonstige 3 % ; Konfessionslose 41 %
Höchste Erhebung	321 m über NN
Niedrigster Punkt	6,7 m unter NN
Landfläche unter mittlerem Meeresspiegel	24 %
Mittlere jährliche Sonnenscheindauer	1.550 Stunden
Mittlere jährliche Niederschlagsmenge	797 mm
Bruttoinlandsprodukt	366,2 Millionen Euro
BIP pro Einwohner	23.500 Euro
Anteile der Wirtschaftssektoren am BIP	Landwirtschaft und Fischerei 2,6 %; Bergbau 2,6 %; Industrie 17,9 %; Handel 13,1 %; Transport und Kommunikation 7,3 %; Sonstige Dienstleistungen 45,2 %, Öffentlicher Dienst 11,3 %
Außenhandel	Importe 217,2; Exporte 240,8 Milliarden Euro
Arbeitslosenquote	2,4 % (März 2002)

[5] Soweit nicht anders angegeben, habe ich die Zahlen für 2001 verwendet.

Wirtschaftswachstum	1,1 %
Erwerbstätige nach Wirtschaftsbereichen	Landwirtschaft 3,7 %; Industrie 15,8 %, Handel 16,3 %, Dienstleistungen 52,8 %, Öffentlicher Dienst 11,3 %
Inflationsrate	4,6 %

2. Definition erneuerbarer Energie in Holland

Die Niederlande haben in der zweiten Hälfte der 1990er Jahre einen Perspektivwechsel bei der Definition erneuerbarer Energie vollzogen. Zunächst galt Energie bereits als regenerativ, wenn sie zu einer reduzierten Nutzung fossiler Energie beiträgt. Später wurde dann der Blickwinkel verändert – und verschärft: Nun gilt Energie nur noch als erneuerbar, wenn sie in jeder Form ohne den Einsatz fossiler Brennstoffe auskommt.

Das dritte „White Paper on Energy Policy“ von 1996 folgte noch dem Leitbild der Einsparung fossiler Energie und nahm eine entsprechend breite Definition von erneuerbarer Energie vor. Im Einzelnen wurden genannt: Windenergie, Photovoltaik und Solarthermie, Erdwärme, Energiespeicherung, Umgebungswärme als Sammelbegriff für die Nutzung von Wärmepumpen, Wasserkraft (inklusive dem Import von Strom aus Wasserkraftanlagen in Norwegen) und Energie von Müll und Biomasse.

Bereits ein Jahr später, im 1997er Bericht „Renewable Energy – Advancing Power. Action Programme for 1997-2000“, wurde die Definition erneuerbarer Energie enger gefasst. Es sei für die Begriffsbestimmung klarer, wenn jene Optionen, die Energie aus nicht-erneuerbaren Brennstoffen gewinnen, nicht in die regenerative Gruppe eingeschlossen würden, hieß es. Statt dessen sollten sie jetzt unter dem Siegel der Energieeinsparung fungieren. Die Veränderung gegenüber dem Weißbuch von 1996 bestand darin, dass in dem Aktionsprogramm von 1997 industriell genutzte Wärmepumpen und die synthetische Fraktion von Müll aus der erneuerbaren Kategorie entfernt wurden. Der organische Anteil von Müll wird danach weiter als regenerativ eingestuft.

Im Electricity Act von 1998 kam es schließlich zu einer weiteren Modifizierung: Wasserkraft wurde seither nur noch aus Anlagen mit einer Kapazität von weniger als 15 Megawatt anerkannt. Im Rahmen des Systems der Grünen Zertifikate, deren Ausstellung als Voraussetzung für die in den Niederlanden geltende Befreiung erneuerbarer Energien von der Ökosteuer dient (beides wird im Kapitel zum Regulierungsmuster noch ausführlicher vorgestellt), ist zum 1. Januar 2002 die Wasserkraft aus allen, also auch aus kleinen Anlagen, von der Liste der erneuerbaren Energien verbannt worden. Grüne Zertifikate werden für Sonnenstrom, Windenergie und „saubere“ Biomasse (ohne Plastik) ausgestellt. Zertifikate können auch für im Ausland produzierten Strom bezogen werden, sofern sie nicht im Exportland bereits eine Subvention erhalten haben (Arentsen/Dinica 2001: 6ff., Minez 1999: 11ff.,Groencertificatenbeheer 2001).

3. Pfadabhängigkeiten in der niederländischen Energiepolitik

Nach dem Ansatz der Pfadabhängigkeit ist davon auszugehen, dass Politik besonders durch historisch tradierte Strukturen geprägt ist. Danach gibt es eine hohe Wahrscheinlichkeit, dass die Lösung eines bestimmten Problems eingefahrenen Standardprozeduren folgt, die in vergleichbaren Fällen früher entwickelt wurden und somit einen Pfad geschaffen haben, der den Spielraum auch für zukünftige Problemlösungen festschreibt (Schmidt 1995: 718, dazu auch Hohn/Schneider 1991). In diesem Untersuchungsschritt soll daher die Ausgangsstruktur in der niederländischen Energiepolitik näher beleuchtet werden. Welche Bedeutung haben die einzelnen Energieträger in den Niederlanden? Wie hat sich ihre Nutzung in der jüngsten Geschichte des Landes entwickelt? Tragen einzelne Energieträger im historischen Vergleich mit einem stabilen Wert zur Stromerzeugung bei, so dass hier von der Fortschreibung eines Pfades gesprochen werden kann, der auch in Zukunft beschritten wird? Oder kann der Elektrizitätsmarkt als dynamisches Systems betrachtet werden, dass immer wieder rasche Veränderungen zugelassen hat und damit die Festlegung bzw. Vermutung von Pfaden nicht zulässt?

3.1. Energiepolitische Ausgangssituation

Auffällig an der holländischen Energiestruktur (siehe Abbildung 1) ist der hohe Anteil von Mineralölexporten. Die Entwicklung des Primärenergieverbrauchs gleicht der anderer Industrienationen wie Deutschland. Bis Anfang der 1970er Jahre gab es ein starkes Wachstum, das dann von den beiden Ölkrisen gebremst worden ist. Besonders nach der zweiten Ölkrise 1979 kam es zu einem starken Einbruch. Der Primärenergieverbrauch war für einige Jahre sogar rückläufig. Das anschließende PEV-Wachstum war nicht mehr so stark wie bis Mitte der 1970er Jahre, was mit Effizienzerfolgen und der damit einhergehenden vielzitierten Entkopplung von Wirtschaftswachstum und Energieverbrauch zu tun hat. Im Jahr 2001 ist der nationale Energieverbrauch um zwei Prozent gegenüber dem Vorjahr gestiegen, nachdem der durchschnittliche Anstieg von 1996 bis 2000 bei 1,2 Prozent im Jahresschnitt gelegen hatte. Seit Anfang der 1970er Jahre hat ein deutlicher Strukturwandel zugunsten von Erdgas und zulasten von Kohle statt gefunden. Kohle hatte schon vorher Anteile an Mineralöl verloren. Das im internationalen Vergleich Bemerkenswerte an der niederländischen Energiebilanz ist der hohe Erdgasanteil. Dies hängt stark mit der Struktur des Strommarktes zusammen, auf den sich diese Studie konzentriert (OECD 2001, CBS 2002).

Abbildung 1: Energiestruktur der Niederlande (Quelle: OECD Energy Balances, graphische Aufbereitung Manfred Binder/FFU).

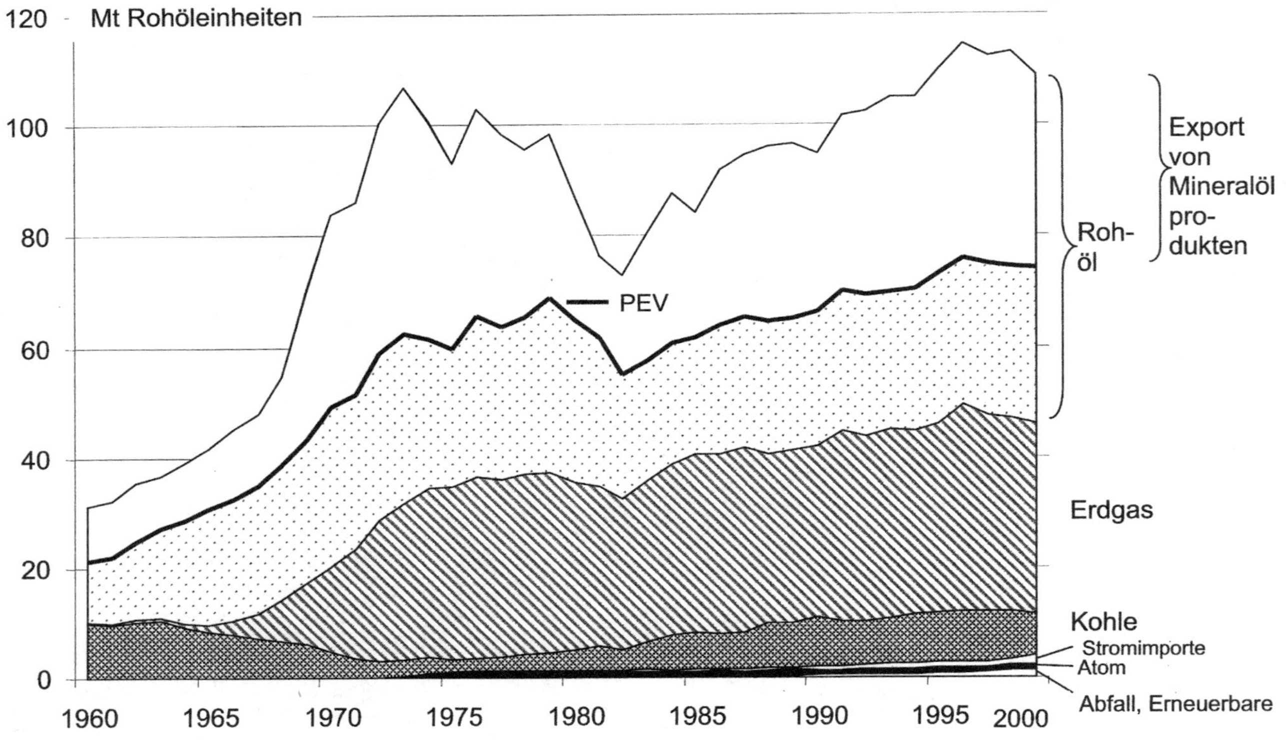

Einleitend sollen zunächst noch kurz einige Eckdaten des holländischen Strommarktes genannt werden: Der durchschnittliche Stromverbrauch in Holland ist nach einer Phase der Stagnation seit 1988 wieder steigend. Dies wird hauptsächlich darauf zurückgeführt, dass die Anzahl der Personen in einen durchschnittlichen Haushalt abnimmt, während die Anzahl der Haushalte zunimmt. Zugleich steigen die Komfortansprüche. Im Jahr 2001 stieg der Stromverbrauch um 2,8 Prozent, nachdem er im Zeitraum 1996-2000 in einem ähnlichen Umfang, nämlich im Jahresschnitt um 3,2 Prozent, wuchs. Im Gegensatz zu 1999 und 2000 wurde der Anstieg nicht durch zusätzliche Importe, sondern durch einen Anstieg der inländischen Produktion befriedigt (CBS 2002).
Im Jahr 2000 wurden fünf Prozent des Stromverbrauchs in der Europäischen Union von 1.459 MTOE in den Niederlanden konsumiert. Der holländische Pro-Kopf-Verbrauch von 4,68 TOE lag damit deutlich über dem EU-Durchschnitt von 3,86 TOE. Im gleichen Jahr wurden in den Niederlanden 104,7 Milliarden kWh produziert, von denen – nach Abzug von Netzverlusten – 100,6 Milliarden kWh konsumiert worden sind. Der Anteil der nach Holland importierten Elektrizität ist seit der Marktöffnung von 1999 deutlich gestiegen. Betrug der Überschuss der Importe gegenüber den Exporten im Jahr 1998 noch 12,4 Prozent des Verbrauchs, lag dieser Wert im Jahr 2000 bereits bei 18,8 Prozent (EnergieNed 2001: 11, 13, 63; FAZ vom 23.4. 2002: 16).
Den wichtigsten Beitrag zur Stromerzeugung in den Niederlanden leistet Gas: Mehr als die Hälfte der Elektrizität wird aus diesem Energieträger gewonnen. Die Gasdurchdringung in den Niederlanden ist damit die höchste in der Welt. An zweiter Stelle folgt die Kohle. Der Anteil von Öl und Kernenergie ist gering.

Tabelle 3: Stromerzeugung in den Niederlanden 2000 (Quelle: EnergieNed 2001).

Gas	57 %
Kohle	23 %
Öl	7 %
Kernkraft	4 %
Sonstige Gase	3 %
Müll (nicht erneuerbare Fraktion)	2 %
Erneuerbare Energien	4 %

Erneuerbare Energien hatten Ende 2000 einen Anteil von 1,2 Prozent am Primärenergieverbrauch und vier Prozent an der Stromerzeugung – letzteres ist die zentrale Bezugsgröße dieser Untersuchung. Damit liegen die Niederlande im EU-Vergleich an drittletzter Stelle. Tabelle 5 zeigt, dass nur Belgien und

Großbritannien noch geringere Werte vorzuweisen haben. Mehr als 90 Prozent des Ökostroms in den Niederlanden stammt von Bio- und Windenergieanlagen (siehe Tabelle 4). Rund 40 Prozent der Bioenergie wird dabei aus Müllverbrennungsanlagen gewonnen, die ich in der Tabelle gesondert ausgewiesen habe. Wasserkraft, Solarenergie und andere regenerative Energieträger haben bislang keine große Rolle in den Niederlanden gespielt.

Tabelle 4: Beitrag der einzelnen erneuerbaren Energien zur Stromerzeugung in den Niederlanden 2000 (Quelle: EnergieNed 2001).

Biomasse	16,2 PJ
Müllverbrennung	11,6 PJ
Windenergie	6,9 PJ
Wasserkraft	1,2 PJ
Solar	0,47 PJ
Sonstige	1,1 PJ
Gesamt	**37,47 PJ**

Tabelle 5: Stromerzeugung aus erneuerbaren Energien in den Mitgliedsländern der Europäischen Union 1999 (Quelle: Eurostat, Website DG Energie und Verkehr).

Land	Wasserkraft*	Wind	Biomasse	Geothermie	**Gesamt**
Austria	67,4	0,1	2,6	0,0	70,1
Belgium	0,4	0,0	1,0	0,0	1,4
Denmark	0,1	7,8	4,5	0,0	12,4
Finland	18,4	0,1	12,0	0,0	30,5
France	13,9	0,0	0,5	0,0	14,4
Germany	3,8	1,0	0,8	0,0	5,6
Greece	9,7	0,3	0,0	0,0	10,0
Ireland	3,8	0,8	0,6	0,0	5,2
Italy	17,1	0,2	0,7	1,7	19,7
Luxembourg	9,3	1,7	5,0	0,0	16,0
Netherlands	**0,1**	**0,7**	**3,3**	**0,0**	4,1
Portugal	16,8	0,3	2,9	0,2	20,2
Spain	10,9	1,3	0,8	0,0	13,0
Sweden	46,2	0,2	2,0	0,0	48,4
United Kingdom	1,5	0,2	1,1	0,0	2,8
EU	Ø 12,1	Ø 0,6	Ø 1,4	Ø 0,2	Ø 14,2

* Beinhaltet nicht Pumpspeicher-Kraftwerke

Nachfolgend werden Bedeutung und Entwicklung der jeweiligen Energieträger im Einzelnen dargestellt. Jede dieser Darstellungen könnte Gegenstand einer eigenen Arbeit sein. Es soll daher nur kurz darum gehen, eine Vorstellung von den wesentlichen Fakten zu geben. Dass dabei die erneuerbaren Energien überproportional zu ihrer realen Bedeutung berücksichtigt werden, ist durch den Untersuchungsgegenstand begründet.

3.2. Beiträge einzelner Energieträger

3.2.1. Der Gas-Pfad

In keinem Land der Welt ist der Stellenwert von Gas so hoch wie in den Niederlanden, sowohl in Bezug auf die Produktion wie auch in Bezug auf den Konsum. Fast alle Haushalte (97 Prozent), Büros und Fabriken sind in Holland an das Gas-Netz angeschlossen. Der Beitrag zur Stromerzeugung lag im Jahr 2000 bei 57 Prozent. Nur Norwegen verfügt von den in Europa zur Internationalen Energieagentur gehörenden Ländern über größere Gas-Reserven (EnergieNed 2001: 53, IEA 2000: 55, 57, 81).
Der Gas-Pfad nahm Ende der 1950er Jahre seinen Anfang[6]. 1959 wurde das Gas-Feld von Groningen entdeckt[7]. Die Konzession dafür war im Besitz von

---

[6] Diese gängige Art der Geschichtsschreibung ist insofern ein wenig ungenau, als auch schon vorher im Norden und im Osten des Landes vereinzelt Gas gefördert worden war. Die Produktion erfolgte vorwiegend durch Shell, die Verteilung durch den Staatsgasbedrijf (Staatsgasbetrieb). Staatsgasbedrijf und alle anderen Verteilungsnetzwerke im Land sind dann in der Gasunie aufgegangen (Interview Wolsink). Eine Übersicht über genutzte Gasfelder vor der Groningen-Entdeckung geben Knaap und Coenen (1987). Angesichts der geringen Mengen halte ich es aber für analytisch korrekt, vom Beginn eines Pfades - wie in dieser Studie - erst mit der Groningen-Entdeckung zu sprechen.

[7] Eigentlich wurde dabei nach Öl gesucht. Mit diesem Fund nahm nicht nur der Gas-Pfad in den Niederlanden, sondern in ganz Westeuropa seinen Anfang. Nach der Entdeckung von Groningen kamen später noch Funde in Belgien sowie in der britischen und norwegischen Nordsee hinzu. Erdgas hat seither in der Europäischen Union eine überdurchschnittliche Nachfrageentwicklung gehabt. Im Jahr 2000 hat der Verbrauch gegenüber dem Vorjahr um knapp drei Prozent auf 390 Milliarden Kubikmeter zugenommen. Damit wird in der EU rund ein Fünftel des gesamten Energieverbrauchs mit Gas gedeckt. Das Verbrauchswachstum unterscheidet sich von Land zu Land und hängt vom Grad der Marktdurchdringung und der Verfügbarkeit ab. So steigt der Verbrauch je Einwohner im langjährigen Durchschnitt in den Niederlanden nur noch um ein Prozent und in Deutschland um etwa zwei Prozent. Dagegen kommen Dänemark und Spanien auf Wachstumsraten von annähernd zehn beziehungsweise zwölf Prozent. In Ländern wie Portugal, wo die Gaswirtschaft erst am Anfang steht, zeichnet sich eine noch rasantere Verbrauchsentwicklung ab. Die Staaten mit dem absolut höchsten Erdgasverbrauch in Westeuropa sind Großbritannien und Deutschland. Relativ gesehen spielt dieser Primärenergieträger die größte Rolle in den Förderländern Holland und Großbritannien (vgl. FAZ vom 19.2. 2002: 18).

NAM, einem Jointventure von Shell und Exxon. 1963 erfolgte der Produktionsstart in Groningen. Durch die Konstruktion von zwei öffentlich-privaten Partnerschaften sicherte sich der holländische Staat Einfluss und eine Beteiligung am materiellen Ertrag des neu entdeckten Energieträgers. Maatschap, eine gemeinsame Finanzierungs-Gesellschaft von NAM (60 Prozent) und der staatlichen Bergbaugesellschaft DSM (40 Prozent), hatte die Kosten für die Förderung des Groningen-Feldes zu tragen, strich dann aber auch die Einkünfte ein. Das exklusive Recht für die Vermarktung des Gases von Groningen (und später auch der anderen Felder) wurde an die Gasunie übertragen, der ebenfalls DSM (40 Prozent) sowie der niederländische Staat selbst (zehn Prozent), Exxon und Shell (jeweils 25 Prozent) angehören (Correljé/Odell 2000: 20).

Durch die Bindung des Gas- an den Ölpreis (die eingeführt wurde, weil es anfangs keine Vorstellungen über den Wert von Erdgas gab) bei zugleich extrem niedrigen Förderkosten in Groningen, sicherte sich das öffentlich-private Konsortium ein einträgliches Geschäft. Durch diverse Lizenzgebühren erhöhte der niederländische Staat seinen Ertrag aus dem Gassektor weiter (IEA 2000: 64, Correljé/Odell 2000: 20ff.). Zugleich wurde stets darauf geachtet, dass Gas zumindest leicht unter dem Preis für Kohle und Öl liegt, um seinen Siegeszug zu beschleunigen. In nur einem Jahrzehnt wurde schließlich die notwendige Infrastruktur dafür geschaffen, dass die neu verfügbare Ressource zum dominierenden Energieträger der Niederlande wurde.

Ab 1964 wurde aus den Niederlanden auch Gas exportiert. Größter Abnehmer ist seither das angrenzende Deutschland. Auch Belgien, Frankreich, die Schweiz und Italien importieren aus Holland (Arentsen/Künneke 2002: 4, IEA 2000: 67). 1970 hatten die Niederlande einen Anteil am europäischen Gasmarkt von 90 Prozent. 1985 lag er bei 45 Prozent, in den 1990er Jahren stabilisierte er sich bei rund zehn Prozent (Arentsen/Künneke 2002: 7). Diese sukzessive Reduzierung des Gasmarktanteils hängt mit einem Politikwechsel zusammen, den die Niederlande 1974 einleiteten. Nach der Ölkrise 1973/74 wurde der nationalen Versorgungssicherheit Priorität eingeräumt und der Verlust von Exportverträgen billigend in Kauf genommen. Mit dieser Politik der nationalen Vorratssicherung wurde zugleich auch die Strategie der Erschließung kleiner Gasfelder (small fields policy) eingeschlagen. Die Lebensdauer des sich im Landesinneren (onshore) befindlichen Feldes von Groningen sollte durch die Förderung von anderen Vorkommen, darunter auch solchen im Meer (offshore), verlängert werden. Um dies zu realisieren und wirtschaftlich zu machen, wurde das viel kostengünstiger zu fördernde Groningen-Gas mit einer zusätzlichen Abgabe belegt.

Ende der 1990er Jahre bestanden neben dem großen Groningen-Feld 171 kleine Felder. Der Anteil kleiner Felder an dem von Gasunie vermarkteten Gas ist inzwischen deutlich höher als der Beitrag des Groningen-Gases. Insgesamt wurden 1999 in den Niederlanden 72,03 Milliarden Kubikmeter produziert, davon 42,82 on- und 29,21 Mrd. m^3 offshore. Im Jahr 2000 nahm die Förderung ab und es wurden noch 68,1 Mrd. m^3 produziert, wovon 45,4 Mrd. m^3 im Inland konsumiert wurden, was einer Steigerung von 1,1 Prozent gegenüber 1999 entsprach. 6,2 Mrd m^3 wurden 2000 zur Stromerzeugung eingesetzt, 1,8 Prozent weniger als 1999. Im Jahr 2001 stieg die Gasproduktion wieder deutlich an, und zwar gegenüber dem Vorjahr um sieben Prozent auf 74 Mrd m^3. Die Produktion wuchs damit gegenüber dem Vorjahr zum ersten Mal seit 1996 (Arentsen/Künneke 2002: 4f., Correljé/Odell 2000: 24, EnergieNed 2001: 11 IEA 2000: 57f., Minez 2000, NNM vom 31.5. 2001, CBS 2002).

Mit dem Gas Act aus dem Jahr 2000 kam es erstmals (!) zu einer gesetzlichen Regulierung des Gassektors. Dessen Rahmenbedingungen waren bis dahin stets durch private Vereinbarungen zwischen Staat und Gasindustrie festgelegt worden[8]. Diese waren über vier Jahrzehnte relativ stabil. Mit der jetzt eingeleiteten, aufgrund der EU-Gasbinnenmarkt-Direktive notwendig gewordenen, Liberalisierung des Gasmarktes ist es zu einer ersten größeren Veränderung der Ausgangsbedingungen gekommen, die vor allem das Monopol der Gasunie betrifft. Im Einzelnen wird der holländische Markt in drei Schritten geöffnet: unmittelbar mit Verabschiedung des Gesetzes im August 2000 für industrielle Großverbraucher (>10 Mio kWh), ab 2002 für einen noch breiteren Kreis von Verbrauchern (>1 Mio kWh <10 Mio kWh) und im Jahr 2004 sollen schließlich alle Konsumenten die freie Wahl haben. Mit diesem Fahrplan gehen die Niederlande über die Anforderungen der EU-Richtlinie hinaus, nach der die vollständige Marktöffnung erst 2007 notwendig gewesen wäre. Neben der Marktöffnung brachte die Liberalisierung weitere einschneidende Änderungen mit sich. So behält zwar Gasunie seine starke Stellung auf dem niederländischen Gasmarkt bei, musste aber seine Sparten „Verkauf" und „Transport" in zwei eigenständige Unternehmenseinheiten aufteilen. In einem Report von April 2002 kündigte die Wirtschaftsministerin Jorritsma an, der Staat werde von der Gasunie das Transportnetz übernehmen, während Shell und ExxonMobil Eigentümer der Verkaufsfirma werden sollten. Die Zerlegung von Gasunie in drei Unternehmen ist eine Antizipation der kommenden EU-Direktive zur Zwangsentflechtung der Strom- und Gasunternehmen (Arentsen/Künneke 2002: 9, 13, IEA 2000: 71, Website Minez).

Die Liberalisierung führte für die Gasunie zum Verlust von Marktanteilen. Zwar konnte im Jahr 2000 der Export um vier Prozent erhöht werden, dafür brach aber das Inlandsgeschäft um zehn Prozent ein. Vor dem Hintergrund der im gleichen Zeitraum gestiegen Preise auf dem Weltrohölmarkt konnte der Absatzverlust jedoch durch höhere Erlöse kompensiert werden (Arentsen/Künneke 2002: 12f.). Im Jahr 2001 sind die Weltmarktpreise jedoch wieder deutlich gefallen. Dies könnte darauf hindeuten, dass sich die Gasunie und nicht zuletzt auch der

---

8 Ein Interviewpartner (Verbong) wies mich allerdings darauf hin, dass die holländische Regierung bereits 1962 ein Weißes Papier zur Gaspolitik vorgelegt hatte, das zwar nie den Status eines Gesetzes erlangte, gleichwohl aber als Ausgangsgrundlage für das in den kommende Jahrzehnten vorherrschende Regulierungsmuster betrachtet werden könne.

niederländische Staat dauerhaft auf niedrigere Erlöse einzustellen haben. Ungeachtet dessen konnte sich die Gasunie bisher als Markführer in der Europäischen Union behaupten, wie Tabelle 6 zeigt. Hinter ihr folgen die italienische Eni/SNAM und die deutsche Ruhrgas. Sollte die Zustimmung (so genannte Ministerlaubnis) der deutschen Bundesregierung zu einem Zusammenschluss von E.ON mit der Ruhrgas bestand haben und nicht noch auf rechtlichem Weg gestoppt werden (siehe FAZ vom 5.7.2002: 11, 14; FAZ vom 6.7. 2002: 11, 14), würde die Gasunie allerdings von ihrer langjährigen Spitzenposition verdrängt werden.

Tabelle 6: Die größten europäischen Ferngasgesellschaften 2001/2002 (Quelle: Mez 2002).

Rang	**Unternehmen**	**Gasabsatz in Mrd. kWh**
1	Gasunie	794
2	Eni/SNAM	695
3	Ruhrgas	601
4	Centrica	560
5	Gas de France	522
6	RWE (+ Transgas)	380
7	E.ON	350

Die Bedeutung des Gasgeschäfts für den Staatshaushalt bleibt aber weiter hoch. Der Finanzminister musste auch in der Vergangenheit schon erhebliche Schwankungen bei den staatlichen Einnahmen aus dem Gassektor hinnehmen. Sie bewegten sich zwischen 1980 und 1999 in einer Spannbreite von 25 (1985) und fünf Milliarden (1999) Gulden. 1980 lagen sie bei zwölf Prozent der staatlichen Einnahmen, 1985 bei 20, 1990 bei sieben und 1995 bei 7,5 Prozent. Der Spitzenwert im Jahr 1985 erklärt sich aus der damals hohen Nachfrage nach Gas und dem zu diesem Zeitpunkt hohen Preisniveau. Die Einnahmen gehen jetzt vor allem wegen der Liberalisierung des Gasmarktes zurück (Correlje 1998: 63).
Aufgrund der niedrigen Produktionskosten, der günstigen geografischen Lage sowie der bestehenden Infrastruktur sind die Aussichten der niederländischen Gasindustrie insgesamt aber, wie die IEA (2000: 62f.) hervorhebt, als günstig zu beurteilen. Die Vorstellung, das Groningen-Gas vorrangig für die niederländischen Konsumenten aufzubewahren, wird aber im Zuge der Entstehung eines europäischen Marktes aufgegeben werden müssen und dem Leitbild einer EU-weiten Gewährung der Versorgungssicherheit zu weichen haben (Correljé/Odell 2000: 25).

Die IEA prognostiziert ferner, dass der Gasanteil an der holländischen Stromerzeugung weiter steigen wird. Insgesamt belaufen sich die niederländischen Gasreserven nach Schätzungen von 1999 auf 1.836 Milliarden Kubikmeter. Bei gleichbleibendem Verbrauch würde dies noch für rund 25 Jahre reichen (IEA 2000: 70, Minez 2000). Damit kann eine mögliche Erfolgsbedingung erneuerbarer Energien, die kurzfristige Endlichkeit des wichtigsten fossilen Energieträgers in den Niederlanden, nicht konstatiert werden. Gas wird zumindest in den nächsten beiden Dekaden die dominierende Energiequelle bleiben.

3.2.2. Der Kohle-Pfad

Kohle spielt im holländischen Strommarkt nach Gas die zweitwichtigste Rolle: Im Jahr 2000 lag der Anteil bei 23 Prozent, 4.000 MW wurden durch Kohle erzeugt. Kohle wird in den Niederlanden heutzutage durchweg importiert. Die letzte holländische Zeche schloss 1974. Dennoch ist seitdem die Bedeutung der Kohle im Elektrizitätssektor weiter gestiegen, dürfte aber, so prognostiziert die IEA, nun ihren Maximalwert erreicht haben (EnergieNed 2001, IEA 2000: 50, 81).

Die Geschichte des Kohlebergbaus in der Provinz Limburg, im Südosten des Landes an den Grenzen zu Belgien und dem deutschen Kohleabbaugebiet in der Gegend um Aachen, reicht bis ins 12. Jahrhundert zurück. Das Jahr 1899 markiert den Einstieg in die systematische Nutzung von Kohle in Süd-Limburg. In diesem Jahr nahm die Zeche Oranje-Nassau ihren Betrieb auf.

In der ersten Hälfte des 20. Jahrhunderts waren in den Niederlanden zwölf Kohlegruben in Betrieb. Acht davon gehörten privaten Eignern, vier der staatlichen Gesellschaft Dutch State Mines (DSM). Dieses waren die Zechen Wilhelmina (seit 1906), Emma (1913), Hendrik (1917) und Maurits (1924), die zugleich lange Zeit die größte Kohlegrube in Europa war. Die Namen der privaten Konkurrenten lauteten neben Oranje-Nassau (I-VI) Laura en Vereeniging, Dominiale, Willem Sophia und Neuprick. 1937 stammten 59 Prozent der gesamten Kohleproduktion aus staatlichen, 41 Prozent aus privaten Minen. Die gesamte Produktion übertraf den inländischen Bedarf und es wurde mehr ex- als importiert. Auf der anderen Seite versuchten auch Belgien, Deutschland und England, ihre Überproduktionen in Holland abzusetzen, was die holländische Kohle unter Preisdruck setzte.

Trotz vergleichsweise ungünstiger geologischer Bedingungen waren die holländischen Zechen zu dieser Zeit - gemessen am Output pro Bergarbeiter pro Tag - nach denen Polens die effizientesten in Europa. Auch bei den Kohlepreisen lag das Königreich hinter Polen an zweiter Stelle. Zugleich galten die Arbeitsbedingungen und die Form der staatlichen Kontrolle im niederländischen Kohlebergbau im internationalen Vergleich als beispielhaft. Bei der Re-Nationalisierung des britischen Bergbaus nach dem zweiten Weltkrieg dienten die Niederlande als Vorbild. Auch die Abführung der

Gewinne der DSM an den öffentlichen Haushalt – angesichts der heute in den meisten Industrieländer notwendigen hohen Subventionierung kaum mehr vorstellbar – waren dabei ein Argument (Morgan 1944: 6ff.).
Während der 1930er und 1940er Jahre wurde fast der gesamte niederländische Energiebedarf durch Kohle befriedigt. Als der zweite Weltkrieg begonnen hatte, wurde die Bergbauregion Süd-Limburg sofort von den Deutschen besetzt. Allerdings stellte sich bald heraus, dass die Besetzer nur ein begrenztes Interesse an den Zechen hatten. Nur drei private Gruben (Oranje-Nassau, Laura en Vereeniging, Dominiale) wurden unter deutsche Aufsicht gestellt (Stuffken 1987: 156ff.).
In den 1940er Jahren ging man in den Niederlanden davon aus, dass zumindest die Zechen Emma und Maurits noch 100 Jahre in Betrieb sein würden. Bereits nach dem Zweiten Weltkrieg setzte jedoch auch in Holland ein Substitutionsprozess von Kohle zu Öl ein. Dennoch wurde 1952 eine so genante Peelcommissie eingesetzt, die die Regierung in der Frage beraten sollte, inwiefern auch die Erschließung von Gruben im Norden Limburgs möglich und sinnvoll sei, wo 1.760 Millionen Tonnen Kohle in einer Tiefe bis zu 1.200 Meter und zusätzliche 800 Millionen Tonnen in noch tieferen Lagen vermutet worden waren. Entscheidungen über die Nutzung waren in der Vergangenheit immer wieder verschoben worden, was vor allem auf die unstabilen ökonomischen Bedingungen während der beiden Weltkriege zurückzuführen war. Als 1959 das Gas-Feld von Groningen entdeckt wurde, bedeutete dies zugleich das Aus für sämtliche Förderplanungen. Die Peelcommissie kam zu dem Schluss, dass unter diesen Umständen die Nutzung nicht wirtschaftlich sein würde. Im Dezember 1965 – der Kohleanteil am Primärenergieverbrauch war bereits auf zehn Prozent gesunken - verkündete der damalige Wirtschaftsminister den Uyl den Regierungsplan für eine sukzessive Schließung aller holländischen Minen. 1973 wurde der Betrieb in der letzten staatlichen (Emma-Hendrik), 1974 in der letzten privatwirtschaftliche Zeche (Oranje-Nassau I) eingestellt.
Die Zechenschließungen führten zu starken regionalwirtschaftlichen Verwerfungen. 1960 waren noch 60.000 Menschen in den holländischen Zechen oder mit ihnen verbundenen Zweigen beschäftigt. In dem Kohleabbaugebiet waren damit 70 Prozent der Bevölkerung direkt oder indirekt von den Zechen abhängig. Die Bergbau-Schule (Mijnschool) in Heerlen, die von 1907 bis 1965 für den Bergbau Aufsichtspersonen, Landvermesser und Gutachter ausgebildet hatte, bekam nun die neue Aufgabe, diesen Personenkreis für gleichwertige Positionen außerhalb der Zechen umzuschulen (Gales/Smits/Bisscheroux 2000: 61, 65, van Tongeren 1987: 231ff.)[9].
Just zu der Zeit, als die letzte Zeche geschlossen wurde, begann in den Niederlanden paradoxerweise ein neuerlicher Aufschwung für die Kohle, wenn

---

9 Einzige Überbleibsel des holländischen Bergbaus sind heutzutage ein Bergbaumuseum (Mijnmuseum) in Rolduc, einer Gemeinde von Kerkrade, sowie ein Bergbaumodell (Modelmijn) in Valkenburg in einem abgebrochenen Kalkstein (Stuffken 1987: 160).

auch jetzt für importierte Ware. Dies hatte folgende Gründe: der erste Ölpreisschock 1973/1974 führte zu veränderten energiepolitischen Strategien und zum neuen Leitbild einer Diversifizierung der Ressourcenbasis. Die Proteste gegen die Atomenergie stärkten darüber hinaus die Kohle, die für die erwartete Steigerung des Stromverbrauchs neben dem Gas als wichtigste kurzfristig realisierbare Alternative zur Nukleartechnologie erschien. Durch ihre günstige geografische Lage und die Häfen von Rotterdam und Amsterdam, die über sehr viel Platz zum Lagern und Vermischen verfügen, war und ist es den Niederlanden zudem möglich, im europäischen Vergleich zu den niedrigsten Preisen Kohle einzukaufen. Schließlich haben neue Technologien wie Verflüssigung und Vergasung die ökologischen Folgen der Kohleverfeuerung reduziert und damit die Akzeptanz für den Energieträger erhöht. Mitte der 1990er Jahre ist mit dem Kraftwerk von Buggenum die landesweit erste und weltweit größte Anlage in Betrieb gegangen, die durch die Gasifizierung von Kohle Strom erzeugt[10]. Auch bei der Kraft-Wärme-Kopplung haben die Niederlande eine Pionierrolle übernommen: von 1987 bis 1997 wuchs ihre KWK-Kapazität auf das Dreifache an und lag damit bei 34 Prozent der gesamten installierten Kapazität zur Stromerzeugung, was nach Dänemark den höchsten Wert in der EU darstellt (Hofman/Marquart 2001: 98ff., IEA 2000: 49, Traube 1999: 61).

Die Regierung hat seit der Schließung der letzten Minen immer wieder Forschungstätigkeiten unterstützt, die eine Bestandsaufnahme der möglichen Kohlenutzung in den Niederlanden zum Thema hatten. Diesen Studien zufolge ist das große Potenzial in Süd-Limburg bestätigt worden, während die Erwartungen für das nördliche Limburg über die bekannten Erschließungsoptionen hinaus gedämpft worden sind. Dagegen sind zwei Gebiete im östlichen Teil der Provinz Geldern als mögliche neue Abbaugebiete identifiziert worden. Angesichts des großen Potenzials soll die Forschung zum Wiedereinstieg in die Kohlenutzung aufrechterhalten bleiben, um eine zusätzliche Option zu haben, wenn die heimischen Gas-Vorräte dem Ende entgegen gehen und die Importabhängigkeit steigt (van Tongeren 1987: 241)

Die Internationale Energieagentur geht davon aus, dass mit dem gegenwärtigen Kohleanteil von rund 30 Prozent im Strommarkt ein Spitzenwert erreicht sein dürfte und von nun an eine sukzessive Abnahme zu erwarten ist. Begründet wird dies damit, dass trotz der in den Niederlanden günstigen Einkaufspreise die

---

10 Dieses Kraftwerk ist dann jedoch zwischenzeitlich geschlossen worden, ehe es durch das Unternehmen Nuon erworben wurde. Das Beispiel Buggenum zeigt, wie schnell Wahrnehmungen sich wandeln können. Zunächst schien das Projekt in das dominierende Belief System zu passen und wurde von den etablierten Akteuren in der Energiewirtschaft als innovativstes und viel versprechendstes energietechnologisches Projekt betrachtet. Dann hat die zunehmende Marktorientierung der Hauptakteure die Einstellung zu Buggenum verändert. Das neue Kraftwerk wurde nun als ein Klotz am Bein angesehen, das als ökonomisches Risiko galt und bei den Beteiligten einen Berg an Schulden hinterließ (Interview Verbong).

ökonomischen Perspektiven eher schlecht sind, weil die Investitionskosten für Kohlekraftwerke sehr viel höher als für Gas-Anlagen liegen. Deshalb sei der Neubau von Kohlekraftwerken unwahrscheinlich. Wahrscheinlicher sei es, dass mehr und mehr Kohlekraftwerke für die Nutzung von Gas umgerüstet werden. Wie im Abschnitt zum Biomasse-Pfad noch ausgeführt werden wird, haben sich die Kraftwerksbetreiber in einem Abkommen mit der Regierung zudem verpflichtet, einen wachsenden Anteil von Biomasse in den Kohle-Kraftwerken mitzuverfeuern. Auch dadurch wird die Bedeutung der Kohle schwinden (IEA 2000: 50).

3.2.3. Der Öl-Pfad

Der Öl-Pfad nahm in den Niederlanden 1943 mit der Entdeckung des Ölfeldes Schoonebeek seinen Anfang[11]. Während des Krieges war der Umfang der Förderung nur gering, stieg danach aber rasant an und erreichte im Jahr 1957 mit einer täglichen Produktion von 3.700 m³ seinen Spitzenwert. Die Produktionskonzession für Schoonebeek (150 km²) ging an NAM (Knaap/Coenen 1987: 215).
Der Öl-Pfad verfügt in den Niederlanden damit über eine längere Tradition als der Gas-Pfad. Nach dem zweiten Weltkrieg wurde Kohle im Strommarkt von Öl verdrängt. Nicht zuletzt wegen der Substitution durch Gas und der nach den Erdölkrisen verfolgten Politik der Energieeinsparung hat der Beitrag von Öl zur Stromerzeugung dann jedoch wieder deutlich abgenommen und betrug im Jahr 2000 sieben Prozent. In den Niederlanden werden elf Ölfelder genutzt, von denen die Mehrzahl (acht) offshore liegen. 1999 wurden 1,89 Millionen Kubikmeter Öl produziert (zum Vergleich: 72,03 Milliarden Kubikmeter Gas), davon 0,72 on- und 1,17 Millionen Kubikmeter offshore. Die durchschnittliche Produktion pro Tag entspricht einem Äquivalent von 32,529 Barrel. Die Reserven liegen bei 32 Millionen Kubikmetern, womit bei gleichbleibender jährlicher Produktionsmenge Öl in Holland noch rund 17 Jahre verfügbar sein wird. Wie andere Industrienationen auch, halten die Niederlande im Rahmen der Ölkrisenvorbeugungspolitik, die nach der ersten Welterdölkrise von der IEA formuliert wurde, Ölvorräte für den inländischen Bedarf von mindestens 90 Tagen bereit (alle Zahlen Stand 1999 nach Minez 2000b).
In den Niederlanden gibt es acht Ölraffinerien, fünf davon in der Rijnmond-Region in und um Rotterdam. Marktführer im Raffineriegeschäft ist der britisch-niederländische Ölkonzern Shell, weitere Akteure sind vor allem Esso, Mobil und Total. Die Anzahl der Beschäftigten in den Raffinerien schwankte in den letzten 30 Jahren zwischen 12.000 (Spitzenwert 1989) und 8.000 (Minuswert 1996).

---

[11] Einzelne kleinere Funde und Förderungen, die bereits zuvor erfolgt waren, nennen Knaap und Coenen (1987). Mit einer systematischen Suche nach Öl- und Gasvorkommen war bereits 1935 begonnen worden.

Obwohl der Inlandsverbrauch seit Anfang der 1970er Jahre nicht mehr gestiegen ist, konnten die holländischen Raffinerien ihre Produktion ausweiten. Dies hängt mit ihrer starken Exportorientierung zusammen. Nur 35 Prozent werden für den einheimischen Verbrauch produziert, 45 Prozent gehen in den Export, davon fast die Hälfte ins angrenzende Deutschland. 20 Prozent werden für Schiffe und Flugzeuge hergestellt, wobei besonders die Nachfrage des Amsterdamer Flughafens Schiphol, der nach London Heathrow, Frankfurt am Main und Paris Charles de Gaulle der viertgrößte in Europa und der zehntgrößte in der Welt ist, stark gewachsen ist. Die Perspektiven des Ölsektors sind unklar: Wegen der Energiesteuer und weil eine weitere Zunahme von Gas im Stromsektor prognostiziert wird, ist ein Verbrauchsrückgang im inländischen Elektrizitätssektor möglich. Wegen der guten Wettbewerbssituation der holländischen Raffinerien könnte dies jedoch durch eine weitere Steigerung des Exports, aber auch durch einen wachsenden Bedarf aus dem inländischen Verkehrssektor, kompensiert werden. Im Jahr 2001 wurden vom holländischen Straßenverkehr zwei Prozent mehr Kraftstoffe als im Vorjahr nachgefragt. Im Zeitraum 1996 bis 2000 hatte der jährlich wachsende Bedarf immerhin bei durchschnittlich einem Prozent gelegen (CBS 2002, Straaten 2001, Das Parlament vom 4.1. 2002: 14).

3.2.4. Der Kernenergie-Pfad

In den Niederlanden ist nur ein Atomkraftwerk in Betrieb: es steht in Borssele. Ein zweiter Reaktor in Dodewaard wurde bereits 1997 stillgelegt. Wann Borssele seinen Betrieb aufgeben muss, ist zwischen Regierung und Betreiber noch umstritten. Gegenwärtig trägt Borssele zu vier Prozent an der holländischen Stromerzeugung bei. Der historische Spitzenwert der Atomenergie im Elektrizitätsmarkt lag bei 8,5 Prozent (Hofman/Marquart 2001: 189). Verglichen mit den Anteilen in anderen Ländern – der EU-Durchschnitt liegt bei rund 20 Prozent – ist dies ein sehr niedriger Wert. Tabelle 7 zeigt, dass nur in den sieben EU-Ländern, die von vornherein auf Atomkraft verzichtet bzw. gebaute Reaktoren nie in Betrieb haben gehen lassen, die Bedeutung der Atomkraft noch geringer ist. Der niedrige Anteil am Strommarkt steht allerdings im krassem Gegensatz zu den Aufwendungen, die in den Niederlanden in den Bereich der Kernenergie geflossen sind.

Der Atom-Pfad nahm in den Niederlanden in den 1950er Jahren seinen Anfang (Hofmann/Marquart 2001: 46ff., 60ff., 96f., 133ff., 187ff., vgl. auch Brugge 1984, Muysken 1969, Smith/Spanhoff 1978, van Splunter 1994, Wiegman/Gutteling/Cadet 1995, Zijlstra 1979), als angesichts von Wirtschaftswachstum und steigender Energienachfrage Perspektiven im Energiesektor zur Diskussion standen. Damals wurde - wie in den meisten Industrienationen - allgemein davon ausgegangen, dass Nuklearenergie zur dominierenden Ressource werden würde. In einem Weißen Papier zur Kernenergie im Jahr 1957 wurde vorhergesagt, dass von 1975 an alle neuen

Kraftwerke Kernenergieanlagen sein würden. Es wurde erwartet, dass Atomenergie billig und sicher sei. Außerdem fügte sie sich gut in das vorherrschende Belief System einer zentralisierten, auf große Einheiten beruhenden Energiewirtschaft ein.
1955 hob die niederländische Regierung eigens ein Kernenergie-Forschungsinstitut aus der Taufe, das Reactor Center Netherlands (RCN) und formulierte das Ziel der Herausbildung einer nationalen Industrie[12]. Der Stromsektor beauftragte sein eigenes Forschungsinstitut, das bereits 1927 gegründete KEMA, mit dem Thema und war darauf bedacht, seine Kompetenz nicht mit dem Regierungsinstitut RCN zu teilen. Die Entwicklung einer eigenständigen Industrie wurde zurückhaltend beurteilt.

Tabelle 7: Anzahl von Kernkraftwerken und ihr jeweiliger Beitrag zur nationalen Stromerzeugung 2000 (Quellen Website Nea, Reiche 2002b).

Land	**Anzahl der mit dem Stromnetz verbundenen nuklearen Einheiten**	**Kernenergieanteil an der Stromerzeugung in Prozent**
Austria	0	0
Belgium*	7	56,8
Denmark	0	0
Finland**	4	31,7
France	59	76,4
Germany*	19	30,1
Greece	0	0
Ireland	0	0
Italy	0	0
Luxembourg	0	0
Netherlands*	**1**	**4,0**
Portugal	0	0
Spain***	9	28,5
Sweden*	11	38,8
United Kingdom	33	22,0
EU Total	**145**	**Ø 19,22**

* In diesen Ländern existieren Regierungsbeschlüsse, aus der Atomenergie auszusteigen.

** Das finnische Parlament hat im Mai 2002 den Neubau eines Kernkraftwerkes beschlossen.

*** Seit der Tschernobyl-Katastrophe von 1986 ist in Spanien ein Moratorium über den Neubau von fünf Reaktoren in Kraft.

Die holländische Regierung konzentrierte ihre Energieforschung auf den Atombereich. Zwischen 1955 und 1971 wurden 1,3 Milliarden Gulden, etwa

[12] Bevor mit dem RCN ein eigenes Kernforschungszentrum gegründet worden war, kooperierten die Niederländer in der ersten Hälfte der 1950er Jahre mit Norwegen, was zur Entwicklung und dem Test von Reaktoren in Norwegen führte. Dies wird ausführlich von van Splunter (1994) geschildert.

zehn Prozent des kompletten Forschungshaushaltes in dieser Periode, für den Nuklear-Sektor eingesetzt. Alternative Pfade wurden an allen größeren Instituten nicht ernsthaft erörtert und untersucht, nicht zuletzt auch deshalb, weil noch Anfang der 1970er Jahre von einer Verdopplung des Stromverbrauchs im Zehn-Jahres-Rhythmus ausgegangen worden war (Hofman/Marquart 2001: 47, 61). Erst die Öl-Krise 1973/1974 begann die Forschungs-Prioritäten zu verändern.

Eine erste Anlage, der 55 MW Forschungsreaktor von Dodewaard, ging 1968 ans Netz. Borssele (450 MW) folgte 1973. Beide Kraftwerke wurden von ausländischen Unternehmen, GE und Kraftwerk Union, gebaut. Im weiteren Diskussionsverlauf standen sich zwei Belief Systeme in der niederländischen Atompolitik gegenüber: Die Mehrzahl der holländischen Naturwissenschaftler, die Regierung und der Stromsektor wollten weiter den Atompfad beschreiten. Die in den 1970er Jahren entstehende Anti-Atombewegung, die in den Niederlanden rasch großen Zulauf bekam, wollte diese Pläne stoppen. Der Protest rankte sich um den Bau der beiden inländischen Reaktoren, erreichte aber Mitte der 1970er Jahre aufgrund eines anderen Projekts seinen Höhepunkt: Als die holländische Regierung ihre immer teurer werdende Beteiligung am schnellen Brüter in Kalkar (einem deutsch-belgisch-holländischem Gemeinschaftsunternehmen) über einen dreiprozentigen Aufschlag auf die Stromrechnung finanzieren wollte, regte sich landesweit Widerstand und sensibilisierte breite Bevölkerungsteile für die Thematik. Der damalige Wirtschaftsminister Lubbers richtete deshalb einen Alternativ-Fonds ein. Danach war keine Befreiung von der Kalkar-Steuer („Kalkar-Heffing") möglich, wohl aber auf Antrag eine Umwidmung zugunsten eines neu eingerichteten Fonds für erneuerbare Energien. Davon machten unter anderem diverse Gemeindeverwaltungen Gebrauch (Theurer 1979: 199, Wolsink 1987: 133ff.).

Die Regierung begann, von ihrem bis dahin vorherrschenden top down-Regulierungsmuster abzuweichen und organisierte 1978 eine nationale Kernenergie-Debatte, die 1984 mit einem abschließenden Report ihr Ende fand. Dies veränderte jedoch nicht die Akteurskonstellationen. Ungeachtet der breiten öffentlichen Kritik war die Regierung seit ihrem Strategiepapier „Energienota" von 1974 - das von den damals regierenden Sozial- und Christdemokraten eine erste größere Intervention überhaupt in das Energieversorgungssystem darstellte - entschlossen, zwei bis drei neue Atomkraftwerke zu genehmigen. Dies wurde unter anderem mit der Notwendigkeit einer Diversifizierung der Ressourcenbasis begründet. Erst die Reaktorkatastrophe im ukrainischen Tschernobyl 1986 führte zunächst zur Verschiebung, 1987 dann zur Aufgabe dieser Pläne. Dies wurde auch mit den Erfolgen bei der Energie-Effizienz und der Stagnation des Energieverbrauchs, den niedrigen Öl-Preisen und der dadurch nicht mehr gegebenen Wettbewerbsfähigkeit der Kernenergie, den (zu Beginn der Atomdebatte noch nicht bekannten) großen einheimischen Gas-Vorräten und der Möglichkeit von Stromimporten etwa aus Deutschland begründet.

Nach der Schließung von Dodewaard 1997 ist der Zeitpunkt für das endgültige Ende der Atomkraft in den Niederlanden noch ungewiss. Der Betreiber, das Unternehmen EPZ, beantragte 1995, den Reaktor bis 2007 und damit länger als die ursprünglich einmal genehmigten 25 Jahre nutzen zu können. Daran entzündete sich eine breite öffentliche Diskussion. Die Regierung entschied schließlich, dem Gesuch nach Betriebsverlängerung nachzukommen, diese aber nicht bis 2007, sondern nur bis Ende 2003 auszustellen. Diese Begrenzung wurde durch eine Gerichtsentscheidung aufgehoben. Der weitere Verlauf der Diskussion ist unklar (IEA 2000: 114, 84). Der Regierungswechsel 2002 brachte drei Parteien an die Macht, die einem verlängerten Betrieb von Borssele aufgeschlossen gegenüber stehen. Insofern scheinen eine außergerichtliche Einigung und eine Verlängerung bis 2007 möglich.

Nicht nur in der Industrie gibt es Befürworter der weiteren Nutzung von Borssele. Das Wirtschaftsministerium nennt in seinem jährlichen Energie-Bericht gleich mehrere Argumente: durch Borssele würden pro Jahr 1,4 Millionen Tonnen Kohlendioxid vermieden, das Kraftwerk zähle zu den modernsten und sichersten in der Welt und um an der weiteren Diskussion, Atomkraftwerke in Osteuropa sicherer zu machen, teilhaben zu können, sei ein eigenes Kraftwerk nötig (Minez 1999b: 40).

Dennoch ist das Ende der Atomenergienutzung in den Niederlanden nur noch eine Frage der Zeit[13]. Kein Akteur erwägt ernsthaft den Neubau von Reaktoren, nicht zuletzt auch weil das Land über keine eigenen Uranvorkommen verfügt. Allerdings fließen weiter Forschungsgelder in den Sektor, insbesondere in den Bereich der Kernfusion.

Eine differenzierte Betrachtung verlangt allerdings, dem Befund eines bevorstehenden Endes der Atomkraftnutzung in den Niederlanden den Hinweis hinzuzufügen, dass der Exportanteil im holländischen Strommarkt wächst und im Jahr 2000 bereits bei 18,8 Prozent lag. Wichtigster Importeur für die Niederlande ist der deutsche Nachbar. Die Niederlande sind umgekehrt für die Bundesrepublik das größte Abnehmerland im Stromexportgeschäft. Allein 39 Prozent der deutschen Stromausfuhr gehen in die Niederlande. Wie Tabelle 7 zeigt, wird in der Bundesrepublik fast ein Drittel des Stroms in Kernkraftwerken produziert. Insofern werden die Niederlande auch nach Abschaltung von Borssele (noch) nicht ganz frei von Kernenergie sein (EnergieNed 2001: 11, 13, 63; FAZ vom 23.4. 2002: 16).

---

[13] Nach Aufgabe des Betriebs in Borssele ist dann in den Niederlanden nur noch ein Forschungsreaktor in Petten in Betrieb. Dieser 1984 errichtete Kernreaktor ist im Eigentum des Gemeinschaftlichen Forschungszentrums der Europäischen Kommission, Betreiber ist die Nuclear Research & Consultancy Group (NRG). Der Reaktor ist seit seiner Inbetriebnahme immer wieder wegen Sicherheitsdefiziten in den Schlagzeilen gewesen (FAZ vom 8.2. 2002: 7).

3.2.5. Der Biomasse-Pfad

Biomasse ist die bedeutendste erneuerbare Energie in den Niederlanden. Von den vier Prozent, die Ende 2000 der Anteil des grünen Stroms an der gesamten Elektrizitätserzeugung betrug, stammten rund 75 Prozent aus Biomasse. Anders als etwa in Deutschland, wo dies nicht als erneuerbare Energie gilt, trägt der aus Müllverbrennungsanlagen gewonnene Strom mit rund 40 Prozent zur gesamten Biomasse-Fraktion bei (EnergieNed 2001).
Bis in die 1980er Jahre kam es nur zu einer begrenzten Nutzung der Biomasse. Den Durchbruch stellte ein Pfadwechsel in der nationalen Abfallpolitik dar, der mit dem ersten nationalen Umweltplan von 1989 eingeleitet wurde. Wegen des knappen Raums (die Niederlande zählen, wie bereits angesprochen, zu den am dichtesten besiedeltsten Ländern der Welt) und den belasteten Böden[14] sollte nach den obersten Prioritäten der Abfallpolitik, der Vermeidung, Wiederverwendung und Wiederverwertung[15], die Verbrennung von Müll Vorrang vor der Deponierung erhalten. Die Verbrennung von Müll setzt Hitze frei und diese kann genutzt werden, um Strom zu erzeugen. Deshalb wurde das Ziel formuliert, dass Müllverbrennungsanlagen auch der Erzeugung von Strom und Wärme dienen, um auf diesem Weg den Anstieg der Kohlendioxid-Emissionen zu begrenzen.
Die Niederlande verfügen über eine lange Tradition bei der Verbrennung ihres Mülls. 1912 startete die erste MVA. Bei der 1916 in Betrieb genommenen Anlage in Amsterdam wurde zum ersten Mal die bei der Verbrennung gewonnene Energie genutzt. Die meisten Müllverbrennungsanlagen wurden in den 1960er und 1970er Jahren errichtet. Die bereits 1973 erbaute Anlage von Rozenburg bei Rotterdam ist noch immer die größte MVA in Europa. Als es Ende der 1980er Jahre zum Dioxinskandal kam, legte die Regierung strengere Grenzwerte fest, die die Schließung, Modernisierung und in sechs Fällen den Neubau von Anlagen zur Folge hatte. Seither zählt die energetische Nutzung des Mülls in der einen (Strom) oder anderen (Wärme) Form zum Standard in den Genehmigungsverfahren für niederländische Verbrennungsanlagen. Dadurch, betonten Vertreter der Branche in Gesprächen, sei auch die gesellschaftliche Akzeptanz erhöht worden. Gleichwohl hält der Verfasser es für unwahrscheinlich, dass Pläne für Neubauten nicht auf Widerstand stoßen würden (Interviews Huisman, Timmer).
In den Niederlanden existieren zwölf Müllverbrennungsanlagen, von denen, wie Tabelle 8 zeigt, in zehn Strom und/oder in fünf Anlagen Wärme erzeugt werden. Die MVA befinden sich von einer Ausnahme (Rosendaal) abgesehen alle

---

[14] Die Belastung der Böden war vornehmlich auf rund 1.000 weitgehend unkontrollierte Deponien zurückzuführen, die bis Ende der 1970er Jahre existierten. Die meisten Deponien sind inzwischen geschlossen und abgedichtet worden. Es werden nur noch 39 Deponien genutzt (Interview Huisman).

[15] Der Anteil des Mülls, der in den Niederlanden widerverwendet oder wiederverwertet wird, liegt zwischen 75 und 80 Prozent (Interview Huisman).

mehrheitlich in öffentlichem Besitz. Der Großteil der erzeugten Elektrizität wird in das nationale Stromnetz eingespeist und kann rechnerisch mehr als eine Million Haushalte versorgen. Ungefähr 20 Prozent der erzeugten Elektrizität wird von den Müllverbrennungsanlagen selbst gebraucht. Die bei der Verbrennung entstehende Wärme wird zum Beispiel zum Trocknen von Klärschlamm oder zum Heizen von Gewächshäusern genutzt. Laut dem Dachverband der Anlagenbetreiber zählen die Umweltstandards bei MVA in den Niederlanden zu den höchsten in der Welt und sind beispielsweise strenger als im benachbarten Belgien. Vom verbrannten Müll bleiben nur ungefähr 23 Prozent als Schlacke übrig, die etwa für den Straßenbau eingesetzt werden kann. Nur zwei bis drei Prozent des verbrannten Mülls, so wird betont, sind nach dem Verbrennungsvorgang nicht beseitigt und müssen deponiert werden (Interview Nijkamp, VVAV o.J.).

Tabelle 8: Müllverbrennungsanlagen in den Niederlanden und ihr Beitrag zur Strom- und Wärmeerzeugung im Jahr 2000 (Quelle: Joosen/de Jager 2001: 27).

Ort der Installation	**Elektrische Leistung (Mw_e)**	**Thermische Leistung (MW_{th})**	**Jahr der Inbetriebnahme**
Rotterdam	25,5	-	1963
Rozenburg	108,0	100	1973
Dordrecht	9,9	-	1973
Dordrecht	0,5	-	1991
Duiven	25,0	70	1975
Roosendaal	-	18	1976
Weurt	28,0	26	1987
Amsterdam	79,6	-	1993
Alkmaar	63,6	-	1996
Wijster	54,0	-	1996
Moerdijk	-	195	1997
Hengelo	30	-	1997
Gesamtleistung	**424**	**409**	

Die MVA konnten in den 1990er Jahren deutlich ihre Effizienz steigern. Gerade einmal 360 Kilowatt Elektrizität wurden 1992 aus 1.000 Kilogramm Müll erzeugt. 1996 war dieser Wert bereits auf 536, 1998 auf 583 Kilowatt angestiegen. Der insgesamt in Müllverbrennungsanlagen erzeugte Strom konnte sich in nur vier Jahren mehr als verdoppeln. Er stieg von 1.189 (1994) über 1858 (1996) auf 2859 GWh im Jahr 1998 an (vgl. VVAV o.J.).

1999 kam es zu einer Vereinbarung (covenant) zwischen der niederländischen Regierung (für die Abfallpolitik ist das Umweltministerium zuständig) und den Betreibern der MVA (Staat, VEREBA, de Afvalverbranders en Novem 1999). Danach verpflichtete sich die Industrie, durch weitere Effizienzsteigerungen noch mehr Strom aus ihren Anlagen zu gewinnen. Im Einzelnen sollte der Anteil um 23 Prozent bis 2002 zunehmen. Im Gegenzug kommt Strom aus Müllverbrennungsanlagen in den Genuss einer Einspeisevergütung aus dem Ökosteueraufkommen, erhält allerdings keine der so genannten grünen Zertifikate (beides wird im Kapitel zu den energiepolitischen Instrumenten noch näher erklärt). Seit 1999 wird der in Müllverbrennungsanlagen erzeugte Strom allerdings nur noch zur Hälfte als erneuerbare Energie anerkannt, weil davon ausgegangen wird, dass ein Wert von 50 Prozent dem organischen Anteil des Mülls entspricht[16]. Deshalb trägt der Strom aus MVA nicht mehr zu 80, sondern in den amtlichen Statistiken nur noch mit 40 Prozent zum in Holland erzeugten grünen Strom bei. Mit der Regelung, nur noch 50 Prozent des Stroms aus Verbrennungsanlagen als regenerativ zu deklarieren, haben die Niederländer zugleich die (nicht zuletzt auf ihre Initiative hin zustande gekommene) Regelung aus der EU-Richtlinie aus dem Jahr 2001 vorweggenommen (Interviews Huisman, Timmer). Erstmals war der synthetische Anteil von Müll im Aktionsprogramm „Renewable Energy– Advancing Power. Action Programme for 1997-2000“ nicht mehr als erneuerbare Energie anerkannt worden (Minez 1997).

Die gemeinsame Verbrennung von Biomasse mit fossiler Energie startete in den Niederlanden Mitte der 1990er Jahre. Dadurch könnten nach dem gegenwärtigen Stand der Technik bis zu fünfzehn Prozent der fossilen Brennstoffe substituiert werden (ECN 2000). Dies ist zugleich die einzige Anwendung, bei der sich die sonst in Bezug auf erneuerbare Energien zurückhaltenden Energieproduzenten engagieren. Hintergrund dieser Aktivitäten ist, dass auf diesem Weg die ungünstige Kohlendioxid-Bilanz von Kohlekraftwerken verbessert werden und ihre vielfach geforderte Schließung verhindert werden kann. Mit dieser Forderung trat Ende der 1990er Jahre das für die Klimaschutzpolitik zuständige Umweltministerium auf. Es forderte die Umwandlung von Kohle- in Gaskraftwerke. Die Produzenten argumentierten, dies würde ihre Wettbewerbsfähigkeit beeinträchtigen, da die Kraftwerke noch nicht ihre wirtschaftliche Lebenszeit ausgeschöpft hätten. Darüber hinaus argumentierten sie, eine Schließung ihrer Anlagen würde zu einem Anstieg von Importen mit weniger sauberem Strom führen und die Abhängigkeit von Gas würde weiter steigen. Typisch für Holland, stand am Ende des Aushandlungsprozesses eine im Schatten der Hierarchie zustande gekommene, im April 2002 unterzeichnete

---

16 Bei einer Besichtigung der Müllverbrennungsanlage von Hengelo im November 2001 sagte mir mein Gesprächspartner, dass es keine Analyse gebe, wie hoch der organische Anteil des Mülls in der Anlage tatsächlich sei. Die Festlegung, dass dieser Anteil 50 Prozent betrage, sei eine rein politische Entscheidung und basiere nicht auf fortlaufenden technischen Analysen (Interview Nijkamp).

„freiwillige" Vereinbarung. Danach sollen Kohlekraftwerke zwar weiter betrieben werden können, aber bis zur (für das Kyoto-Protokoll relevanten) Periode 2008-2012 durch die Mitverfeuerung von Biomasse ein vergleichbares Emissionsprofil wie Gaskraftwerke aufweisen. Im Vergleich zu 1990 sollen die Kohlendioxidemissionen aus Kohlekraftwerken damit innerhalb von 20 Jahren um 40 Prozent sinken. Dadurch sollen sechs der 25 Millionen Tonnen Kohlendioxid eingespart werden, zu denen sich Holland im Rahmen des Kyoto-Regimes bzw. des EU burden sharing agreements verpflichtet hat. Im Gegenzug wurden den Betreibern von der Regierung Vergünstigungen bei der Brennstoffsteuer zugesagt. Zudem wird der Biomasse-Anteil des erzeugten Stroms seit 2002 wie andere erneuerbare Energien auch von der Energiesteuer befreit und kann als Ökostrom vermarktet werden – vorher schloss schon ein einprozentiger Plastikanteil dies aus. Wird also nun zehn Prozent Biomasse mitverfeuert, zahlt der Betreiber lediglich 90 Prozent der Abgabe. Dadurch soll eine Kompensation für den im Vergleich zur Kohle höheren Beschaffungspreis für Biomasse geleistet werden. Ein erstes Anwendungsbeispiel liefert das Unternehmen Electrabel, das Olivenkerne aus Tunesien importiert und mitverfeuert[17] (Hofman/Marquart 2001: 114 ff., IEA 2000: 50, NNM vom 19.4. 2002).

Ein Interviewpartner von mir bemerkte, dass er es von einer innovationstheoretischen Betrachtungsweise aus für fraglich halte, ob die Mitverbrennung von Biomasse in Kohlekraftwerken für die Entwicklung von Biomasse-Technologien ein Stimulus oder nicht vielmehr eine Barriere wäre. Das Biomassepotenzial in den Niederlanden sei begrenzt, und wenn alle Vorräte in solche Großkraftwerke geliefert werden, würde der Anreiz sinken, Versuche mit viel versprechenden dezentralen Technologien durchzuführen (Interview Verbong).

1997 wurde in den Niederlanden der erste Auftrag für eine größere Anlage erteilt, die ausschließlich Biomasse verfeuert. In Cuijk ist damit laut einer Fallstudie (Hofmann 2001) zugleich Europas größtes Holzkraftwerk entstanden. Das Wirtschaftsministerium subventionierte das Projekt und trug zehn Prozent der Gesamtkosten. 250.000 Tonnen „saubere" Biomasse werden hier im Jahr verfeuert. Betreiber der Anlage ist Hollands größte Energieverteilungsfirma Essent (zu Beginn der Planungen noch als PNEM agierend). Hintergrund für die Initiative des Unternehmens war die Kohlendioxid-Reduktionsverpflichtung, die der Betrieb - wie seine Konkurrenten auch - mit dem Umweltaktionsprogramm (MAP) von 1991, einer Vereinbarung zwischen Regierung und Energieverteilungsfirmen, eingegangen war. Das MAP war in der Folge des ersten nationalen Umweltplans und der in dieser Zeit einsetzenden Klimapolitik entstanden und enthielt konkrete individuelle Ziele für die einzelnen Unternehmen.

---

[17] Werden die mit dem Transport verbundenen Umweltbelastungen mit einberechnet, verschlechtert dies die Emissionsbilanz dieses Vorhabens freilich.

Im Jahr 2000 wurde das Biomasse-Kraftwerk von Cuijk eröffnet. Der Betreiber ist dabei eine Kooperation mit der staatlichen Behörde für den Schutz der Wälder (Staatsbosbeheer) eingegangen. Dadurch erhält das Kraftwerk unbelastetes, aber von minderer Qualität übrig gebliebenes Holz aus umliegenden Wäldern in einem maximalen Radius von 200 Kilometern. Zugleich bekommt das Kraftwerk Gartenreste aus öffentlichen Anlagen sowie rund 100.000 Tonnen Sägemehl von einem deutsch-niederländischen Unternehmen (Eco-chip). In Cuijk können 24 Megawatt Elektrizität erzeugt werden und das Kraftwerk ist so ausgelegt, dass es auch Wärme produzieren kann.
Die Verbrennung ist bislang die dominierende Anwendungsform von Biomasse in den Niederlanden. Andere Möglichkeiten wie Gasifizierung, Pyrolyse und Gärung bestehen darin, Biomasse zunächst in Gas oder Öl umzuwandeln und dann mit Dampfturbinen und/oder Gasturbinen Elektrizität zu erzeugen. Diese Formen der Biomassenutzung sind aber noch nicht so weit in ihrer Entwicklung wie die Verbrennung und werden mehr von Akteuren außerhalb des bestehenden Elektrizitätssystems vorangetrieben. Bereits 1989 wurde von der Regierung das „Technology Program Energy from Waste and Biomass (EWAB)“ eingeführt. Ende der 1990er Jahre flossen in den Biomasse-Sektor nach der Photovoltaik die zweit meisten Forschungsmittel im Bereich regenerativer Energien (Hofman/Marquart 2001: 116).
Die Perspektiven der Biomasse in den Niederlanden sind gerade kurz- und mittelfristig als positiv und am günstigsten im Vergleich mit den anderen erneuerbaren Energien zu beurteilen. Dabei dürfte gerade die Schwäche der einen (Wind) zur Stärke der anderen (Biomasse) regenerativen Energie werden. Wegen der Schwierigkeit bei der Standortsuche und den langwierigen Genehmigungsverfahren beim Bau von Windenergieanlagen legen Akteure der Energiewirtschaft bei ihren Strategien zum Ausbau ihres Ökostromsanteils ihr Hauptaugenmerk zunehmend auf die Biomasse. Hinzu kommt, dass diese Ressource unter Kostengesichtspunkten gegenüber den anderen erneuerbaren Energien sehr gut da steht. Vor allem aber kommt ihr zugute, dass sie sich so gut in das seit mehr als einem Jahrhundert in der Energiewirtschaft dominierende Belief System einer auf großen Einheiten, zentralisierten Stromproduktion einfügen kann. Das Pionier-Holzkraftwerk von Cuijk könnte Nachahmer finden und dem Betreiber einen „first mover advantage“ verschaffen. Die Vereinbarung zur Effizienz der Kohlekraftwerke dürfte der Nutzung der Biomasse rasante Wachstumszahlen verschaffen, und auch bei Müllverbrennungsanlagen sind noch nicht alle Effizienzpotenziale ausgeschöpft (wenngleich die Anzahl der Anlagen nach dem Willen der Regierung nicht weiter steigen soll). Da der laut EU-Richtlinie in den Niederlanden zu erzielende Ökostrom-Anteil von neun Prozent im Jahr 2010 eine Verdreifachung innerhalb nur eines Jahrzehnts darstellt, habe ich mich in den Interviews davon überzeugen lassen, dass der aus deutscher Sicht ungewöhnliche Weg, Ökostrom in MVA erzeugen zu dürfen, keine Restriktion für die anderen regenerativen Energien darstellt. Das EU-Ziel

ist noch so weit entfernt, dass es auch bei Akzeptanz des MVA-Stroms eine ambitioniertere Politik bei Sonne, Wind und Co nötig macht.

3.2.6. Der Wind-Pfad

Die Windenergie ist nach der Biomasse die zweitwichtigste Ressource in der Gruppe der erneuerbaren Energien in den Niederlanden. Bis Ende 2000 war, wie Tabelle 9 zeigt, eine Leistung von 442 MW installiert worden (Ende 2001 waren es 483 Megawatt, vgl. New Energy 2/2002: 20). Der steile Anstieg, den die Tabelle zeigt, kann aber nicht darüber hinwegtäuschen, dass der Anteil der Windenergie an der Stromerzeugung noch immer deutlich unter einem Prozent liegt und hinter der Entwicklung in anderen Ländern und den eigenen Zielen zurückbleibt (siehe Tabelle 5).
Diese etwas magere Erfolgsbilanz überrascht vor dem Hintergrund der historischen Erfahrungen mit Windenergie in den Niederlanden. Über mehrere Jahrhunderte hinweg war sie die bedeutendste Ressource. Es gab alle möglichen Formen von Windmühlen: sie wurden zur Entwässerung, zum Korn mahlen und zum Färben eingesetzt, auch waren Öl- und Sägemühlen in Betrieb. Die holländische Windmühle gehört noch immer weltweit zu den bekanntesten Vorstellungen über die Niederlande. Ende des 19. Jahrhunderts wurden Windmühlen allerdings sukzessive durch Dampfmaschinen verdrängt. Von ihnen waren 1890 bereits 4.000 in Betrieb, während die Anzahl der Windmühlen von 3.000 im Jahr 1850 auf 1.800 (1890) abnahm. Im 20. Jahrhundert, vor allem nach der flächendeckenden Elektrifizierung (zu den länderübergreifenden Gründen für den Bedeutungsverlust der Wind- und anderer erneuerbarer Energien siehe ausführlicher Reiche 2002), haben Windmühlen keine signifikante Rolle mehr im holländischen Energiesystem gespielt. Verbliebende Mühlen wurden in erster Linie aus kulturellen Gründen erhalten (Verbong 1999: 137).
Faktoren wie die Ölkrise und der Report über die Grenzen des Wachstums lösten eine breite energiepolitische Debatte in den Niederlanden aus[18] und brachten das Thema Windenergie wieder auf die politische Agenda. Dort stand es allerdings im Schatten der Atomenergie, auf die Regierung und Industrie ihr Hauptaugenmerk in Diskussion und Planung der zukünftigen Energieversorgung legten. Dennoch wurden in dieser Zeit die Grundlagen für die heutige Windenergienutzung gelegt. Das erste Weiße Papier zur Energiepolitik 1974 markierte den Beginn für eine strategische Energiepolitik, die auf eine Diversifizierung der Ressourcenbasis setzt. Mit der Landelijke Stuurgroep Energieonderzoek (LSEO) wurde 1974 ein nationaler Lenkungsausschuss für die Energieforschung gegründet (1980 Umwandlung in Raad voor het Energieonderzoek, REO, 1983 Abschaffung), auf dessen Empfehlungen die Einführung des ersten nationalen Windforschungs- und Entwicklungsprogramm

[18] Vgl. dazu meinen Aufsatz zum Agenda setting erneuerbarer Energien (Reiche 2002).

zurückgingen. 1976 ist mit NEOM (Nederlandse Energie Ontwikkelings Maatschappij) zudem eine Entwicklungsorganisation gegründet worden, die mit der Realisierung von erst in der langfristigen Perspektive wirtschaftlichen Projekten die Schere zwischen Grundlagenforschung und kommerzieller Nutzung schließen sollte.

Zur Koordination der Forschungsaktivitäten des Wirtschaftsministeriums (siehe unten) wurde 1977 das Bureau Energieonderzoek Projecten (BEOP) als Einheit vom ECN gegründet. Das ECN war wiederum als nationales Forschungszentrum für die gesamte Energiepolitik 1976 aus dem RCN, dem Kernenergieforschungszentrum, hervorgegangen, was ebenfalls die politische Neuorientierung dokumentiert (Hofman/Marquart 2001: 21f.).

Ein erster Impuls zur Förderung der Windenergie bestand darin, damit möglicherweise eine Antwort auf die Frage nach der Befriedigung des Energiebedarfs in der Dritten Welt geben zu können. Ein entsprechendes Programm (Consultancy Services Wind Energy Developing Countries, CWD) lief von 1975 bis 1990 (Verbong 1999: 146). Das erste nationale Wind-Forschungsprogramm (NOW-1) startete 1976 und lief bis 1981. In diesem Stadium fanden bereits erste Diskussionen über die Windenergienutzung auf dem Meer (offshore) statt. Das zweite Weiße Papier zur Energiepolitik (1979) und die zweite Welterdölkrise verschafften der Windenergie ein günstiges situatives politisches Umfeld. Nach Diskussion der Ergebnisse von NOW-1 auf einer von BEOP durchgeführten nationalen Windenergiekonferenz 1981 war das zweite Programm (NOW-2, 1981-1990) bereits etwas breiter angelegt und hatte neben der Forschung auch die Entwicklung, den Bau von Demonstrationsprojekten und die kommerzielle Anwendung zum Ziel. Die Energieversorgungsunternehmen wurden als Schlüsselakteure identifiziert. In Kooperation mit ihrer für das Hochspannungsnetz zuständigen Mantelorganisation (SEP) sollte eine Windfarm mit 18 Anlagen mit jeweils 300 kW gebaut werden, nachdem 1980 die ersten kommerziellen Turbinen errichtet worden waren. Dies zeigte die frühzeitige Orientierung auf große Einheiten und damit die Anlehnung an das dominierende Belief System in Regierung und Industrie einer zentralisierten Stromproduktion (Wolsink 1996: 1079). Der von SEP in Sexbierum in der Provinz Friesland errichtet Windpark machte übrigens in erster Linie durch technische Probleme Schlagzeilen und wurde Anfang der 1990er Jahre geschlossen und teilweise nach Indien verkauft (Verbong 1999: 154).

Die nationale Energiedebatte von 1981 bis 1984 leitete zugleich einen Zielsetzungsprozess ein. Dieser fand 1985 einen vorläufigen Abschluss, indem für die Windenergie das Ziel von 1.000 MW im Jahr 2000 ausgerufen wurde (Verbong 1999: 149).

Den beiden Forschungs- und Entwicklungsprogrammen folgte das Integrierte Windenergieprogramm (IPW), das stärker umsetzungsorientiert als seine Vorläufer war. Die Turbinenhersteller wurden direkt unterstützt und Subventionen für installierte Windenergieanlagen gezahlt. Ziel des IPW war es,

Windstrom billiger zu machen und ihm den Weg zu ebnen, im Markt bestehen zu können.
Anfang der 1990er Jahren hatten die Energieversorgungsunternehmen in der Folge des ersten nationalen Umweltprogramms (NEPP 1989) einen so genannten Wind-Plan aufgelegt. Danach sollten bis 1994 250 MW von ihnen installiert worden sein. Obwohl es den Energieversorgungsunternehmen zugestanden wurde, dies durch eine Elektrizitätsabgabe gegen zu finanzieren, konnten sie dieses Ziel vor allem wegen der Schwierigkeit bei der Standortsuche und den langen Genehmigungsverfahren nicht realisieren (Wolsink 1996: 1080ff.).
An das IPW schloss ein Programm zur Unterstützung der Anwendung der Windenergie (Toepassing Windenergie in Nederland, TWIN-1) an. Die eingesetzten Gelder wurden zu zwei Dritteln für die Technologie- und Produktentwicklung sowie für Investitionszuschüsse von bis zu 35 Prozent und Produktionssubventionen eingesetzt. Auf TWIN-1 (1991-1995) folgte TWIN-2 (1996-2000). Danach sollten die installierte Windenergieleistung jährlich um 100 MW gesteigert, die Kosten wie bereits in der Periode 1991-1995 um noch einmal 30 Prozent gesenkt und Restriktionen wie die Praxis der Genehmigungsverfahren behoben werden (Arentsen/Dinica 2001: 36). Für die Zeit nach 2000 soll ein nationaler Forschungs- und Entwicklungsplan die Abstimmung zwischen den verschiedenen Akteuren, vor allem zwischen Industrie und Forschungseinrichtungen, verbessern, um die Position des gesamten Windenergiesektors zu stärken (Hofman/Marquart 2001: 202).
Die niederländische Windenergiepolitik kann in drei Phasen eingeteilt werden. In den 1970er Jahren (Phase 1), zu Beginn des Politik-Zyklusses, zählte das Land in bezug auf die Problemwahrnehmung, die Agenda-Gestaltung und die Politikformulierung zu den Vorreiterländern. Eine holländische Windenergieindustrie und Forschungsgruppen an den Universitäten entstanden, die Öffentlichkeit war sensibilisiert. In den 1980er Jahren (Phase 2) wurden erste kommerzielle Anlagen errichtet, ohne dass durchschlagene Erfolge erzielt werden konnten. In dieser Phase, als es um den Übergang zur Implementation ging, fiel Holland im internationalen Vergleich deutlich etwa hinter den US-Bundesstaat Kalifornien oder das benachbarte Dänemark zurück. Von Anfang der 1990er Jahre bis heute (Phase 3) hält eine deutliche Aufwärtsentwicklung an. Neben verschiedenen Unterstützungsprogrammen seitens der Politik liegt ein Hauptgrund dafür im Stromgesetz von 1989, dass Produktion und Verteilung von Elektrizität trennte und das Privileg der Erzeugung von den Energieversorgungs- auf die Verteilungsunternehmen (bis zu einer Kapazität von 25 MW) ausdehnte. 1998 wurde 95 Prozent der installierten Windleistung von Verteilungsunternehmen bereitgestellt (Arentsen/Dinica 2001: 14).
Die holländische Förderpolitik, resümiert Wolsink (1986: 1084, ähnlich argumentiert Verbong 1999: 147), ist zu einseitig auf große Anwendungen ausgerichtet gewesen. Kleine, von privaten Investoren betriebene Anlagen hätten wie in Dänemark die Inlandsnachfrage ankurbeln und einen

funktionierenden Heimatmarkt entstehen lassen können. Weniger als die Hälfte aller holländischen Anlagen wurde von unabhängigen Betreibern realisiert, während in den Erfolgsländern Dänemark und Deutschland zwischen 80 und 90 Prozent aller Projekte in dieser Form umgesetzt wurden (Zuylen et al. 1999: 22). 1985 hatte die Regierung das Ziel verkündet, bis zum Jahr 2000 insgesamt 1.000 MW Windenergie installiert haben zu wollen. Dieses Ziel wurde nicht einmal zur Hälfte erreicht. Im Jahr 2007 sollen 1.500 MW an Land und 700 MW offshore in Betrieb sein. 2020 soll die Windenergie 2.750 MW erzeugen (Zuylen et al.: 1999: 16). Inwiefern diese Ziele erreicht werden können, hängt zum einen davon ab, ob die spezifischen Restriktionen der Windenergie, die an anderer Stelle dieser Arbeit noch diskutiert werden, überwunden werden können. Zum anderen dürften Quantensprünge nur durch einen Durchbruch bei der Offshore-Windenergie erzielt werden können. Mit einigen semi-offshore Projekten liegen hier bereits Erfahrungen vor (vgl. Schrama 2000). Der erhoffte Durchbruch bei einer solchen Nutzung von Anlagen im Wasser in Küstennähe im Jahr 2002 blieb allerdings aus: Das Projekt Windpark Afsluitdijk in Waddenzee und Ijseselmeer, das die Errichtung von insgesamt 109 Windturbinen (49 á zwei Megawatt, 60 á drei MW) mit einer Gesamtkapazität von 278 MW vorgesehen hatte, scheiterte im März 2002 im Planungsprozess am Widerstand der betroffenen Gemeinden Harlingen, Wieringen, Wieringermeer und Wûseradiel (Wolsink/Breukers 2002: 212ff.).

3.2.7. Der Wasserkraft-Pfad

Die Wasserkraft fristet in den Niederlanden ein Nischendasein. Gerade einmal drei Prozent des in den Niederlanden aus erneuerbaren Energien produzierten Stroms, also weniger als 0,1 Prozent der gesamten Elektrizität, werden von diesem Energieträger erzeugt.

Der Wasserkraft-Pfad, sofern ein solcher überhaupt konstatiert werden kann, nahm 1954 seinen Anfang (Hofman/Marquart 2001: 76). Heute sind vier größere (Hagestein 1,8 MW, Maurik 10 MW, Linne 11,5 MW, Alpen/Lith 14 MW) und zwei so genannte Mikro-Anlagen (Haandrik 0,1 MW, seit 2000 auch Roermond 0,2 MW) in Betrieb. Hinzu kommen einige kleinere, von unabhängigen Anbietern betriebene Anlagen, deren Leistungsvermögen unter 100 kW liegt (Diese unabhängige Stromerzeugung wurde Anfang der 1980er Jahre legalisiert). Insgesamt ist damit, wie Tabelle 9 zeigt, im Jahr 2000 eine Wasserkraft-Kapazität von 37,7 MW installiert gewesen (Joosen/Jager 2001: 9).

Auch in Zukunft wird die Wasserkraft keinen nennenswerten Beitrag zur niederländischen Stromerzeugung leisten. Zum einen ist diese Form der Elektrizitätserzeugung in den Niederlanden relativ teuer, was auf den niedrigen Wasserstand zurückzuführen ist. Zum anderen ist das geologische Potenzial in dem flachen Land begrenzt. Es wird auf maximal 100 MW geschätzt. Dies zu erreichen, wurde im dritten Weißen Papier auch als Ziel genannt (Zuylen et al. 1999: 41).

3.2.8. Der Solar-Pfad

Wie in anderen Industrienationen auch ist die Photovoltaik in den Niederlanden noch nicht ihrem Nischendasein entwachsen und trägt mit weniger als 0,1 Prozent zur Stromerzeugung bei. Dennoch gehört Holland bei der Entwicklung und Nutzung von Sonnenstrom zu den Vorreiterstaaten. Der Markt ist in den 1990er Jahren in einem Umfang gewachsen, der über dem weltweiten Durchschnitt liegt. Im Zeitraum 1990-1995 hat sich, wie Tabelle 9 zeigt, die installierte Kapazität mehr als verdreifacht, von 1995 bis 2000 mehr als verfünfacht.
Bereits 1957 wurde in Holland in einem Labor von Philips eine erste Photovoltaikzelle entwickelt. Der Grundstein für die vergleichsweise erfolgreiche Entwicklung in den Niederlanden wurde im Jahr 1986 gelegt. Damals wurde von der Regierung ein Solarprogramm (NOZ-3) auf den Weg gebracht, das seinen Schwerpunkt auf die Photovoltaik legte. Bereits zuvor hatte es 1978 und 1982 zwei Solarprogramme (NOZ-1, NOZ-2) gegeben, die sich allerdings auf die Solarthermie konzentrierten (1978) bzw. nur eine kleine Anzahl von Projekten der Photovoltaik widmeten (1982 sieben von 46 geförderten Vorhaben) (Hofman/Marquart 2001: 110, Kruijsen 1999: 74, zur Entwicklung der Solarthermie siehe ausführlich Videm Communicatie 1993).
1988 wurden in den Niederlanden die ersten Photovoltaik-Module installiert. 1989 gelang dem niederländischen Energieforschungszentrum ECN eine erste netzgekoppelte Anwendung, 1991 konnten zehn Häuser in Heerhugowaard mit ans Netz angeschlossenen Solarstromanlagen ausgestattet werden (Hofman/Marquart 2001: 77, 110). Den Durchbruch erzielte die Photovoltaik im Jahr 1997, als eine Vereinbarung (covenant) zwischen 22 Akteuren aus Regierung, Unternehmen, Institutionen und Forschung zur Förderung der Photovoltaik geschlossen wurde. Vorausgegangen war ein Report des Wirtschaftsministeriums „Renewable Energy – Advancing Power" (Minez 1997), in dem die Photovoltaik als viel versprechendste erneuerbare Zukunftsoption beschrieben wurde. Die in der Folge ausgehandelte PV-covenant enthielt eine langfristige Planung für die Entwicklung der Technologie bis zum Jahr 2020, die die Nutzung der Photovoltaik kostengünstiger und, wie es hieß, zu einem wettbewerbsfähigen Energieträger im 21. Jahrhundert machen sollte. Als erste konkrete Ziele wurden für das Jahr 2000 Kostensenkungen um 30 Prozent und eine installierte netzgekoppelte Leistung von 7,7 MWp formuliert. Von der covenant ging ein Boom in der PV-Branche aus. Das Ziel für das Jahr 2000 wurde, wie Tabelle 9 zeigt, übererfüllt (Joosen/Jager 2001: 14).
Die Entwicklung der Photovoltaik vollzog sich lange Zeit vorwiegend im Segment autonomer Systeme, etwa in Wochenendhäusern, Wohnwagen, Hausbooten oder aber zum Beispiel in Form von Trinkvorrichtungen für Rindvieh, Bojen und Parkuhren. Diese Anwendungen sind mit konventionellen Alternativen bereits zum Teil wettbewerbsfähig. 1999 war das erste Jahr, in dem

in den Niederlanden die in netzgekoppelten Anlagen installierte Kapazität über der unabhängiger Systeme lag (vgl. Joosen/Jager 2001: 14).
Im Amsterdamer Neubaugebiet Nieuw-Sloten ist im Auftrag der Stadt und des kommunalen Energieversorgers die mit 480 Wohnungen bislang weltweit größte Photovoltaiksiedlung entstanden. Der Strom, den die Photovoltaikdächer und –fassaden der Reihenhäuser und mehrgeschossigen Appartementhäuser erzeugen, fließt direkt ins öffentliche Netz. Der Verbrauch der Bewohner soll unter der Leistung der auf dem Dach montierten Anlagen liegen. Stadt und Energieversorger wollen für weitere Wohnungsbaugesellschaften und private Investoren ein Zeichen setzen. Sie hoffen auf Nachahmungseffekte und eine Diffusion ihres Solarprojektes (FAZ vom 19.5. 2002: V 14).
Ein weiteres Superlativ ist die weltweit größte dachintegrierte PV-Installation auf einer Ausstellungshalle in der Gemeinde Haarlemmermeer, die in der Nähe des Amsterdamer Flughafens Schiphol liegt. Das so genannte Zonnedak (Sonnendach) ist seit Februar 2002 in Betrieb. Es ist 280 Meter lang und 100 Meter breit und verfügt über eine installierte Kapazität von 2,3 MW_{peak}. Es wird erwartet, dass die Anlage jährlich 1,23 Millionen kWh erzeugen kann. Das Energieunternehmen Nuon ist Eigentümer der Installation und verkauft den Solarstrom im Rahmen seines grünen Strom-Tarifs. Das Wirtschaftsministerium hat das Projekt mit 5,2 Millionen Euro subventioniert, Nuon hat 17,5 Millionen Euro investiert (New Energy 2/2002: 61).
Im Bereich der Photovoltaik kann Holland eine Vorreiterrolle attestiert werden. Eine Erfolgsbedingung dürfte gewesen sein, dass die Entwicklung nicht top-down, wie bei der Windkraft, sondern buttom up von einer Vielzahl an Akteuren getragen wurde - auch wenn, wie dargestellt, nunmehr einige beachtliche Großprojekte realisiert worden sind. Zunächst spielten vor allem Universitäten eine wichtige Rolle für die PV-Entwicklung. Gezielte Markteinführungsprogramme durch die Regierung, das so genannte Solaris-Projekt der Umweltschutzorganisation Greenpeace, das Verbraucher für die Installation von Anlagen gewinnen konnte (weitere Informationen dazu im Akteurskapitel), Konsumenten, die den teureren Solarstrom bezogen und, nach anfänglicher Zurückhaltung, schließlich auch die Herausbildung einer signifikanten PV-Industrie (unter anderem Shell-Solar 1999, mehr dazu wiederum im Akteurs-Kapitel), sie alle trugen zur dynamischen Entwicklung bei. Auch wenn die liberale Wirtschaftsministerin Ende 2001 ankündigte, in Zukunft den Schwerpunkt im Bereich der erneuerbaren Energien auf die Entwicklung der kostengünstigeren Biomasse und Windenergie legen zu wollen - die geschaffene breite gesellschaftliche Basis könnte ein Fundament dafür sein, dass der Erfolgspfad dennoch weiterhin beschritten wird.

Tabelle 9: Die Entwicklung von Wind- und Wasserkraft sowie Photovoltaik in den Niederlanden von 1990 bis 2000 (Quelle: Joosen/de Jager 2001: 8, 11, 14).

Jahr	**Windkraft (Mw_e)**	**Wasserkraft (Mw_e)**	**Photovoltaik* (MWp)**
1990	57	37	0,77
1991	92	37	1,03
1992	109	37	1,27
1993	138	37	1,64
1994	157	37	1,96
1995	257	37	2,40
1996	299	37	3,26
1997	333	37	4,04
1998	364	37	6,48
1999	409	37	9,20
2000	442	37,7	12,76

* Angaben umfassen sowohl netzgekoppelte Produktion wie auch autonome Systeme

3.2.9. Andere erneuerbare Energien

Erdwärme, in der EU allein in Italien und Portugal schon von Relevanz, ist in den Niederlanden noch nicht systematisch zum Einsatz gekommen. Vor allem aus finanziellen Gründen sei kein Pilotprojekt in Betrieb, heißt es dazu im Wirtschaftsministerium. Allerdings denke eine zunehmende Anzahl von Unternehmen darüber nach, ins Geothermie-Geschäft einzusteigen. Eine Co-Finanzierung solcher Initiativen sei denkbar, schreibt das Ministerium in einem Bericht zum Stand erneuerbarer Energien in den Niederlanden.
Nach der ersten Erdölkrise 1973 hatte sich zunächst so etwas wie Euphorie in der kleinen holländischen Geothermie-Community breitgemacht: 1974 gründeten Forscher verschiedener Institute die „Gespreksgroep Aardwarmte". Dieser Gesprächskreis ging von attraktiven Voraussetzungen für Erdwärme in den Niederlanden aus und schlug der Regierung ein Forschungsprogramm vor. Die Regierung griff diese Initiative 1979 mit ihrem nationalen Geothermie-Forschungsprogramm („Nationaal Onderzoekprogramma Aardwarmte, NOA I") auf, das bis 1983 in Kraft blieb. Nachdem es zeitweilig ausgesetzt war, wurde 1985 ein Anschlussprogramm (NOAA) auf den Weg gebracht. In dieser Zeit sind vor allem diverse Temperaturmessungen vorgenommen worden. Zudem ist versucht worden, mit einigen Bohrungen verwertbarere Informationen zu

bekommen. Dabei ist es auch zu einem ersten Produktionstest in Asten (Noord Brabant) gekommen, der allerdings negative Ergebnisse hervorbrachte. Grundlagenforschung hat vor allem an der Delft University of Technology statt gefunden, die vom Staat mitfinanziert wurde. Von diesen Initiativen abgesehen seien bislang jedoch keine Gelder in den Erdwärme-Bereich geflossen, heißt es im Ministeriumsbericht (Minez 1997: 57f., Minez 1999: 58, Visser/Heederik 1987: 243ff.).
Im Segment der Meeresenergie verfügen die Niederlande zwar ebenfalls nicht direkt über Erfahrungen. Allerdings gibt es holländische Akteure mit Interessen in diesem Feld. Das Elektrizitätsunternehmen Nuon ist Mehrheitsteilhaber an einer Firma, die Strom aus dem Wellensystem AWS (Archimedes Wave Swing) vertreiben möchte. Entwickelt wurde diese Technologie ebenfalls von einer niederländischen Firma, Teamwork Techniek. Diese bereitet zurzeit den Einsatz von einem Zwei-Megawatt-Prototyp in der Nähe von Viana do Castello, einer Küstenstadt 300 Kilometer nördlich von der portugiesischen Hauptstadt Lissabon, vor. Nuon verfolgt das Ziel, von diesem Pilotprojekt und anderen AWS-Kraftwerken, die in der Zukunft gebaut werden könnten, Teile seines Ökostroms zu beschaffen, den es in den Niederlanden verkauft. Begründet wird dies damit, dass die Nachfrage nach grüner Elektrizität in den Niederlanden das inländische Angebot übertrifft (de Vries: 46f., Website AWS).

3.3. Pfadabhängigkeiten in der niederländischen Energiepolitik – ein Resümee

In wenigen Sätzen kann die Pfadabhängigkeit in der niederländischen Energiepolitik wie folgt zusammengefasst werden: Kurz- und Mittelfristig ist damit zu rechnen, dass der Gas-Pfad in bisheriger Form fortbeschritten wird. Erst langfristig, wenn die inländischen Reserven dem Ende entgegen gehen, wird sich zeigen, ob dies durch Importe oder nicht statt dessen durch den Einsatz anderer, etwa der vor Ort verfügbaren erneuerbaren Energien, kompensiert wird. Öl wird im Strommarkt weiter an Relevanz verlieren. Die Bedeutung der Kohle nimmt ab, der Kenenergie-Pfad steht komplett vor dem Aus. Der Stellenwert erneuerbaren Energien wird weiter zunehmen. Dies gilt insbesondere für die Biomasse, die schon jetzt die dominierende regenerative Ressource ist.
Ein Ende des Gas-Pfades ist kurz- und mittelfristig – darunter verstehe ich einen Zeitraum von bis zu 20 Jahren – nicht in Sicht. Die Internationale Energieagentur prognostiziert sogar noch eine leichte Zunahme von Gas im Stromsektor. Weil die Gasförderung dem niederländischen Staatshaushalt in einer beträchtlichen Größenordnung zugute kommt sowie zur Unabhängigkeit und Versorgungssicherheit Hollands beiträgt, ist nicht davon auszugehen, das der Gas-Pfad vorzeitig verlassen wird. Beim Öl könnte dies zumindest in der Elektrizizätsproduktion anders sein, wegen seiner Relevanz im Verkehrsbereich und im Exportgeschäft dürfte es gesamtwirtschaftlich aber eine kaum veränderte Rolle einnehmen. Eine vergleichbar geringe Rolle für die Elektrizitäts-

produktion spielte bislang die Kernenergie. Wann dieser Pfad aufgegeben wird, ist zwischen der Regierung und dem Betreiber des letzten holländischen Atomkraftwerkes zwar noch umstritten, aber nur noch eine Frage der Zeit (2003 oder 2007).
Nicht vergessen werden darf aber, dass neben den angesprochenen Pfaden und Entwicklungen auf dem inländischen Markt vielfach von einer weiteren Steigerung des Anteils von Stromimporten ausgegangen wird. Dieser schnellte bereits in jüngster Vergangenheit auf knapp 20 Prozent hoch und könnte in diesem Jahrzehnt auf bis zu 40 Prozent steigen. Da diese Importe vor allem aus Deutschland und Frankreich kommen, die einen sehr hohen (Frankreich) bzw. relativ hohen (Deutschland) Kernenergieanteil an der Stromproduktion haben, wird das hier gezeichnete Bild einer nahezu atomstromfreien, vorwiegend auf Gas setzenden Niederlande gleichwohl in nicht unerheblichem Umfang verfälscht.
Die Kohle, die seit Mitte der 1970er Jahre ausschließlich importiert wird, hat laut IEA-Angaben mit ihrem momentanen Anteil am Strommarkt ihren Zenit erreicht. Der Neubau von Kraftwerken ist unwahrscheinlich, weil er weniger wirtschaftlich als Gasanlagen ist. Die Bedeutung von Kohle wird bereits kurzfristig abnehmen, weil schon bestehende Kraftwerke für die Gas-Nutzung umgerüstet werden und sich die Betreiber gegenüber dem Staat verpflichten mussten, durch die zunehmende Beimischung von Biomasse zur Kohle bis zum Jahr 2010 eine vergleichbare Effizienz wie Gaskraftwerke zu erreichen. Dies ist einer der Hauptgründe dafür, warum ein steiler Anstieg bei der Biomasse zu erwarten ist. Hinzu kommt, dass wegen der Restriktionen bei der Windenergie (vor allem der Praxis der Genehmigungsverfahren) immer mehr Investoren sich auf diesen Bereich konzentrieren. Dennoch wächst auch die Windenergie weiter, wenn auch nicht so stark wie in einigen anderen Ländern. Ein Durchbruch könnte die Nutzung der Windkraft auf dem Meer darstellen. Wie die Mitverfeuerung von Biomasse in Großkraftwerken fügt sich diese Form der Elektrizitätserzeugung in das seit mehr als einem Jahrhundert dominierende Belief System einer Stromproduktion in großen Einheiten.
Die Wasserkraft hat in Holland nur ein marginales Potenzial und ist im Vergleich zu anderen Ländern relativ teuer. Die Perspektiven von Erdwärme und Meeresenergie – für beide liegen in den Niederlanden noch keine praktischen Erfahrungen vor – sind ungewiss. Der Solar-Markt ist in den Niederlanden bislang über dem weltweiten Durchschnitt gewachsen. Auch wenn sich die Regierung auf die kostengünstigeren Biomasse und Windenergie konzentrieren will, ist eine Fortschreibung des Erfolgspfades nicht unwahrscheinlich. Auch bislang erfolgte die Entwicklung nicht top-down, sondern buttom up. Von dieser breiten gesellschaftlichen Basis aus könnte ein weiteres Wachstum ausgehen, das den Grundstein dafür legt, diese Art der Stromerzeugung zu einer langfristig vielversprechenden Option zu machen.

4. Akteure im Politikfeld erneuerbare Energien in den Niederlanden

4.1. Staatliche Akteure

Von den staatlichen Akteuren spielt das Wirtschaftsministerium im untersuchten Themenbereich die bedeutendste Rolle. Hier sind in erster Linie die administrativen Kapazitäten für erneuerbare Energien verankert. Teilzuständigkeiten gibt es gleichwohl auch in anderen Ministerien. Insgesamt sind sechs von 14 Ministerien in der einen oder anderen Form mit dem Politikfeld befasst.
Das Wirtschaftsministerium beschäftigt 4.700 Mitarbeiter. Es besteht aus vier Abteilungen. Eine davon ist für die Organisation des Energiemarktes verantwortlich. Dort ist auch ein Referat für erneuerbare Energien angesiedelt. Acht Fachkräfte sind dort angestellt. Ihre Zuständigkeiten verlaufen entlang der einzelnen erneuerbaren Energieträger (Wind, Biomasse, usw.). Partiell ist das Referat auch für die Energiesteuer zuständig. Die Aufkommensverwendung für Produzenten von grünem Strom wird hier mit geregelt (Interview van der Heul).
Neben dem Wirtschaftsministerium sind nach Angaben des Referatsleiters Erneuerbare Energien fünf weitere Ministerien mit dem Themenbereich verfasst (die nachfolgende Reihenfolge spiegelt dabei auch die Bedeutung wieder, die er nennt): das Umwelt-, das Landwirtschafts-, das Transport-, das Finanz- und das Wissenschaftsministerium.
Das Umweltministerium ist für die Abfall- und Klimaschutzpolitik zuständig. Es soll die vom Energiesektor ausgehenden Emissionen kontrollieren und vertritt Holland bei den internationalen Klimakonferenzen. Die Niederlande müssen laut dem Kyoto-Protokoll und der im Anschluß vereinbarten Lastenteilung innerhalb der EU von 1990 bis 2008/2012 sechs Prozent des Ausstoßes von Kohlendioxid und anderen wichtigen Treibhausgasemissionen reduzieren. Das Ministerium hat daher einen Klimaschutzpolitik-Implementationsplan auf den Weg gebracht, der ein breites Spektrum von Maßnahmen, etwa zur Energieeinsparung, zur Effizienzsteigerung von Kohlekraftwerken und zum Ausbau erneuerbarer Energien, enthält (Website Vrom).
Das Wirtschafts- und das Umweltministerium sind die beiden größten Gegenspieler im regierungsinternen Wettstreit um das beste Konzept zur Förderung erneuerbarer Energien. Das bis zu den Wahlen im Mai 2002 von einer liberalen Frau geführte Wirtschaftsministerium präferiert eine nachfrageorientierte Politik, so wie sie mit der Steuerbefreiung für erneuerbarer Energien gegenwärtig auch betrieben wird. Es möchte die Industrie von Belastungen verschonen und geht davon aus, dass der Markt den größten Nutzen für erneuerbare Energien bringt. Das bis zu den Parlamentswahlen 2002 von einem Sozialdemokraten geleitete Umweltministerium bezweifelt dies und bevorzugt eine angebotsorientierte Instrumentierung. Als Vorbild sieht es dafür Festpreissysteme wie das deutsche Erneuerbare-Energien-Gesetz.

Teilzuständigkeiten für erneuerbare Energien sind darüber hinaus im Landwirtschaftsministerium (Biomasse, Wind), im Transportministerium (biologische Treibstoffe), im Finanzministerium (Energiesteuer) und im Wissenschaftsministerium (Forschung) vorhanden. Eine Koordinierung dieser Aktivitäten obliegt aber wiederum dem Wirtschaftsministerium (Interview van der Heul).

Das federführende Wirtschaftsministerium arbeitet in erster Linie auf strategischer Ebene, indem es die Grundzüge der Politik formuliert. Die Operationalisierung erfolgt durch mehrere Agenturen (wie zum Beispiel Senter), die es unterhält. Für den Energiebereich am wichtigsten ist die niederländische Agentur für Energie und Umwelt, Novem. Sie beschäftigt 400 Mitarbeiter in vier Themenbereichen: Nachhaltiges Bauen, nachhaltige Produktion, nachhaltige Mobilität und nachhaltige Energiebereitstellung. Zur etwa 100-köpfigen Energieabteilung zählt neben dem Thema erneuerbare Energien auch der Bereich Energieeinsparung. Novem selbst ist ein rein ausführendes Organ, das die verschiedenen Akteure zusammen bringen, staatliche Fördergelder verwalten und speziell den Übergang in den Kommunen unterstützen soll. Nicht zuletzt wegen seiner gerade auch im Vergleich mit dem Ministerium hohen personellen Kapazitäten kann es als ein Schlüsselakteur bezeichnet werden, auch wenn es, wie in Gesprächen betont wird, nicht unmittelbar in Entscheidungsfindungsprozesse integriert ist. Gleichwohl sind die Agentur-Mitarbeiter mit ihren Spezialkenntnissen gefragte Ratgeber (Interviews Kwant, van der Loo).

Darüber hinaus gibt es das Projektbüro für erneuerbare Energien (PDE). Es wurde 1997 vom Wirtschaftsministerium gemeinsam mit der Energiewirtschaft eingerichtet – insofern ist es analytisch nicht ganz trennscharf (aber auch nicht ganz falsch), das PDE im Abschnitt über die staatlichen Akteure aufzuführen. Seine Mission besteht darin, Bekanntheitsgrad und Nutzung erneuerbarer Energien zu steigern. Dazu wurde zum einen neben einer Internetseite ein Call Center eingerichtet, in dem vier Mitarbeiter Informationen rund um das Thema erneuerbare Energien geben. Dieser Service richtet sich in erster Linie an Privatleute. Darüber hinaus beschäftigt das Projektbüro sechs Referenten, die neben Unternehmen vor allem Provinzen und Gemeinden beraten sollen, etwa wenn diese Pläne ändern und vor der Frage stehen, wie sie dort die Nutzung erneuerbarer Energien integrieren können. Die Finanzierung des Projektbüros war zunächst nur für den Zeitraum von 1997 bis 2001 gesichert. Die Teilhaber aus der Energiewirtschaft sind nach diesem Zeitraum abgesprungen. Der Grund liegt vorwiegend darin, dass sie sich von einer Ausnahme (Essent) abgesehen jetzt in ausländischem Besitz befinden. Deshalb hat das Wirtschaftsministerium dem Projektbüro zunächst erst mal für zwei weitere Jahre seine Existenz gesichert. Darüber hinaus wird aber weiter nach Partnern gesucht (Interview Kalf).

Das Wirtschaftsministerium hat auch ein eigenes Beratungsgremium: es ist der Algemene Energieraad (AER). Dieses Gremium besteht bereits seit 1976.

Allerdings hat sich seine Rolle grundlegend verändert. Zunächst war es ein klassisches Organ des holländischen Poldermodells[19], das zentrale Akteure - in diesem Fall die Energiewirtschaft - in politische Entscheidungsfindungsprozesse integriert hat. Mitte der 1990er Jahre wurde der AER in eine Expertengruppe umgewandelt, die das Wirtschaftsministerium zu strategischen Fragen der Energiepolitik berät. Seit seinem Bestehen hat der Allgemeine Energierat rund 60 Empfehlungen ausgesprochen: in den 1980er Jahren vornehmlich zu den Bereichen Energieeinsparung und Brennstoffdiversifizierung, in der folgenden Dekade auch zum Thema erneuerbare Energien. In den meisten Fällen fragt das Ministerium den AER gezielt um Rat, das Gremium kann aber grundsätzlich auch selbst die Initiative ergreifen. Die Empfehlungen des AER müssen dem Parlament zugänglich gemacht werden (Interview Leemreize, Website AER)
Wegen der enormen Bedeutung der Müllverbrennung für das Themenfeld erneuerbare Energien sind in diesem Kapitel immer wieder auch Akteure zu betrachten, die in Deutschland nicht zur Energie-, sondern ausschließlich zur Abfallpolitik als eigenständigen und vom Untersuchungsgegenstand unabhängigen Themenbereich gezählt werden. Dies ist im Abschnitt über die staatlichen Akteure in erster Linie der Abfall-Management-Rat (Afval Overleg Orgaan, AOO). Das AOO wurde 1990 von Staat, Provinzen und Kommunen gegründet. Es soll Zehn-Jahres-Pläne für die Abfallpolitik aufstellen, die alle drei Jahre angepasst werden. Der erste Plan wurde 1992, der zweite 1995 auf den Weg gebracht. Faktisch hat dieses Gremium keine Macht, real werden Absprachen aber von dem für Abfallpolitik zuständigen Umweltministerium in Gesetzesvorlagen umgesetzt. In erster Linie soll der Rat den Umgang mit dem Müll, der nach Verwertung und Recycling noch übrig bleibt (20 bis 25 Prozent des gesamten Mülls), regeln. Dabei geht es vor allem um die Festlegung der notwendigen Anzahl von Deponien, Müllverbrennungsanlagen und Kompostierungsanlagen (Interview Huisman, Website AOO).

4.2. Nicht-staatliche Akteure

4.2.1. Parteien

Weil es in den Niederlanden keine Sperrklausel und ein Verhältniswahlrecht gibt, ist die Anzahl der im Parlament (Zweite Kammer) vertretenen Parteien traditionell hoch – seit den Parlamentswahlen von 2002 sind es zehn. Grundsätzlich gibt es einen parteiübergreifenden Konsens, den Anteil

[19] Das so genannte Poldermodell nahm 1982 auf Initiative des damaligen Ministerpräsidenten Ruud Lubbers (CDA) mit dem „Abkommen von Wassenaar" seinen Anfang: In einer Phase der gesellschaftlichen Entsäulung und volkswirtschaftlicher Misserfolge kehrten die großen Parteien mit den Gewerkschaften und Unternehmern gemeinsam zur Konsensstrategie zurück und reformierten pragmatisch die Wirtschaft des Landes.

erneuerbarer Energien zu steigern. Die Positionen in Bezug auf Tempo, Umfang und Umsetzungsstrategien divergieren jedoch zum Teil erheblich.
Auf die Frage, welche Parteien sie in erster Linie als ihre Verbündeten für erneuerbare Energien ansehen, antworteten mir meine Gesprächspartner aus Umwelt- und Branchenverbänden (zum Beispiel Jansen-Lammerts, van den Wittenboer, Schöne) übereinstimmend (und auch in dieser Reihenfolge): Groenlinks (GL), Partij van de Arbeid (PvdA) und Democraten 66 (D66). Dabei sind mit Groenlinks und D66 zwei der drei Hauptansprechpartner Parteien, die ein Produkt der Phase der Entsäulung (1967-1982) in der niederländischen Politik sind. Seither liegt der primäre Fokus weniger stark auf der weltanschaulich-konfessionellen Ebene, vielmehr hat die Vertretung einzelner Interessen und von neuen Werten an Gewicht gewonnen (vgl. Kleinfeld 2001: 292, Lepszy 1999: 346). Vor dieser Umbruchperiode beherrschten fünf Versäulungsparteien das Parteiensystem: die sozialistisch-sozialdemokratische PvdA, die katholische KVP, die beiden protestantischen CHU (bürgerlich-konservativ) und ARP (orthodox-calvinistisch) sowie die liberal-konservative VVD. D66 als linksliberale Reformpartei trat erstmals 1967 bei den Parlamentswahlen an. Die Parteigründung der Grünen vollzog sich im europäischen Vergleich (dazu ausführlich: Müller-Rommel 1993) erst relativ spät, und zwar 1989. In diesem Jahr traten sie auch erstmals bei den Wahlen zur Zweiten Kammer an.
Die Grünen sind aus insgesamt vier Parteien hervorgegangen: Die Pazifistisch-Sozialistische Partei (1) und die Politische Partei Radikale (2) hatten dabei schon insgesamt drei Sitze im Parlament inne, die Wählerstimmen für Kommunisten und evangelische Volkspartei reichten selbst für einen einzigen Sitz nicht mehr aus. Mit vier Sitzen nach den Parlamentswahlen 1989, sechs 1990, fünf 1995 und jeweils elf 1998 und 2002[20] hat der Zusammenschluss zu einer deutlichen Aufwärtsentwicklung geführt. Groenlinks ist dabei nicht nur in seinem Parteinamen, sondern auch programmatisch den linksradikalen Wurzeln und der Affinität zu sozialen Fragen treu geblieben. Dennoch hat sich auch hier eine realpolitische Strömung durchgesetzt, die bei den Parlamentswahlen 2002 erstmals die Regierungsbeteiligung angestrebt hatte. Den Bedeutungsgewinn der Grünen kennzeichnet auch die Tatsache, dass die Partei eine positive Mitgliederentwicklung hat – bei den großen Parteien gibt es einen gegenläufigen Trend. Ende 2001 hatten sich der GL 15.000 Menschen angeschlossen (Interview de Leede, Reiche 2002c).

---

[20] Die Umfragen hatten der grünen Partei 2002 einen Zugewinn an Sitzen prognostiziert. Die Stagnation könnte auf die hohe Wahlbeteiligung und die Tatsache zurückzuführen gewesen sein, dass es ausgerechnet ein Umweltschützer war (der allerdings nicht Groenlinks angehörte), der den Rechtspopulisten Fortuyn ermordet hatte (weitere Informationen dazu folgen weiter unten in diesem Textabschnitt). Fortuyn pflegte über den Umwelt- und Tierschutz gerne zu spotten und setzte sich dafür ein, dass die von der alten Regierung verbotene Pelztierzucht beibehalten wird (HAZ vom 10.5. 2002: 3).

Die Positionen zum Thema erneuerbare Energien von Grünen, Sozialdemokraten und D66 unterscheiden sich nur geringfügig. Stark divergiert jedoch der Stellenwert des Themas. Bei den Grünen steht er im Zentrum der Programmatik und ist identitätsstiftend, während bei den Sozialdemokraten soziale Fragen und bei den Demokraten Bürgerrechte stärkeres Gewicht haben. Dass die Sozialdemokraten eine im Vergleich mit ihren europäischen Partnern sehr ökologische Partei sind, dürfte nicht zuletzt daran liegen, dass es seit mehr als 30 Jahren keinen Kohlebergbau mehr in den Niederlanden gibt und dadurch Interessengegensätze weniger zutage treten als etwa in der deutschen SPD-Bundestagsfraktion. Auch die niederländische Gaswirtschaft sowie der Kernenergiesektor sind mehr kapital- als beschäftigungsintensiv und stehen damit einer grünen Programmatik nicht in Form mächtiger Gewerkschaften samt „eingebauter Lobbyisten“ (von Beyme 1980: 44) im Wege. Mit dem Abgeordneten Ferd Crone verfügen sie zudem über den Akteur, der sich zum untersuchten Thema bislang im politischen Bereich am stärksten profiliert hat und von einem Gesprächspartner sogar als „Hermann Scheer der Niederlande“ (Interview van der Heul) beschrieben wurde. Neben ihm wird vielfach die Grüne Marijke Vos als engagierte Vorkämpferin für erneuerbare Energien hervorgehoben, aber auch die Kompetenz von Eimart van Middelkoop von der ansonsten bedeutungslosen Christen Unie lobten einige Interviewpartner. Van Middelkoop war der Vorsitzende einer Parlamentskommission zum Klimaschutz.

Von den fünf großen Parteien werden die Extrempositionen von Groenlinks auf der einen und der wirtschaftsliberalen VVD auf der anderen Seite vertreten. PvdA, D66 und CDA stehen dazwischen, wobei Sozialdemokraten und D66 näher an den Grünen und die Christdemokraten näher an der VVD orientiert sind. Die Grünen waren mit der Formulierung des nationalen Ausbauziels für erneuerbare Energien von zehn Prozent bis zum Jahr 2020 nicht einverstanden gewesen. Sie fordern, diesen Wert bereits 2010 zu erreichen und fühlen sich durch die Ende 2001 verabschiedete EU-Richtlinie, nach der die Niederlande im Jahr 2010 einen Anteil im Strommarkt von neun Prozent erreicht haben müssen, bestätigt. Die Grünen betonen die eigene Verantwortung der Niederlande. Sie wenden sich dagegen, nationale Ziele auch durch den Ausbau von Kapazitäten im Ausland zu erfüllen. Sie möchten alle, auch die noch weniger wirtschaftlichen erneuerbaren Energien fördern und differenzieren zwischen sauberer (ohne Müllverbrennung) und dreckiger (mit Müllverbrennung) Biomasse. Letztere lehnen sie ab.

Die VVD und an ihrer Spitze die liberale Wirtschaftsministerin Jorritsma-Lebbink (bis zu den Parlamentswahlen 2002) sowie EU-Binnenmarktkommissar Frits Bolkestein (der zugleich der einzige holländische EU-Kommissar ist) möchten die Industrie vor übermäßiger Regulierung und zusätzlichen Kosten schützen. Jorritsma-Lebbink hat sich gegen das sozialdemokratische Umweltministerium, das das deutsche Modell eines Mindestpreissystems befürwortet hätte, mit einem nachfrageorientierten Ansatz durchgesetzt. Danach

liegt es in erster Linie in der Verantwortung der Verbraucher, in welchem Umfang erneuerbare Energien in den Niederlanden zunehmen. Zur marktwirtschaftlichen Ausrichtung passt auch die Präferenz für die Förderung von Biomasse und Windenergie. Sie seien vergleichsweise kostengünstig und mit ihnen könnten schnellere Erfolge als etwa mit Solarstrom erzielt werden. Darüber hinaus werben die Liberalen dafür, inländische Ziele auch durch den Bau von Anlagen im Ausland erfüllen zu können. Sie haben sie auch die Atomkraft noch nicht abgeschrieben. In den Jahresberichten des Wirtschaftsministeriums wird immer wieder hervorgehoben, wie viel Kohlendioxid damit im Vorjahr erneut vermieden worden sei (Ministry of Economics 1999: 40, Interviews Moorman, van der Heul, Bouwmans).
Die Parlamentswahlen 2002 brachten ein neues Parteienbündnis an die Macht. Kurz vor dem Wahlgang am 15. Mai hatte die niederländische Politik turbulente Wochen erlebt. Am 16. April trat zunächst die niederländische Regierung – seit 1994 hatten PvdA, VVD und D66 eine Koalition gebildet - zurück. Sie zog damit die Konsequenzen aus einem Bericht des Niederländischen Instituts für Kriegsdokumentation (Niod) über ein holländisches Blauhelmbataillon, das von März 1994 bis Mitte 1995 das muslimische Srebenica schützen sollte. Die Soldaten hatten die Enklave faktisch kampflos der bosnisch-serbischen Armee unter deren General Mladic überlassen, mit der Folge, dass 7.000 Männer ermordet und Zehntausende deportiert wurden – das größte Kriegsverbrechen in Europa seit Ende des Zweiten Weltkriegs. Rücktrittsdrohungen seines einflussreichen Parteifreundes, dem laut holländischen Zeitungen „sozialdemokratischen Gewissen" Umweltminister Pronk, hatten Premierminister Kok unter Druck gesetzt und die Regierungskrise herbeigeführt. Der Regierungsrücktritt änderte allerdings nichts am politischen Kalender. Es blieb beim Wahltermin, und auf Bitten der Königin war die Regierung als „demissionäres Kabinett", das keine umstrittenen Vorhaben mehr zur Abstimmung stellt, bis zur Neuwahl geschäftsführend im Amt (FAZ vom 17.4. 2002: 1f.).
Noch mehr in Aufruhr versetzte das Land ein Attentat auf den Spitzenkandidaten der rechtspopulistischen Liste Pim Fortuyn (LPF) neun Tage vor der Wahl am Montag, 6. Mai. Dies war der erste Anschlag auf einen Politiker in der neueren niederländischen Geschichte. Fortuyn ist eine schillernde Gestalt gewesen. Er hatte sich unter anderem wiederholt sehr negativ über den Islam geäußert; er hatte die islamische Kultur als rückständig bezeichnet, weil sie seine eigene Homosexualität nicht akzeptierte, und verlangt, keine muslimischen Einwanderer und Asylbewerber mehr in die Niederlande zu lassen. Die angebliche Überfremdung der Niederlande war sein zentrales Wahlkampfthema. Das Wahlprogramm der LPF war Fortuyns Buch „Auf dem Trümmerhaufen von acht Jahren Violett". Die LPF hatte bereits im März 2002 bei Kommunalwahlen für Furore gesorgt und sollte auch bei den Parlamentswahlen, die in den Medien zum Teil auch als „Kondolenzwahlen" (HAZ vom 15.5. 2002: 3) bezeichnet worden sind, Erfolg haben. In der FAZ

wurde der Erfolg von Fortuyn und seiner Liste wie folgt kommentiert: „*(...) Er sprach damit jene an, die das dumpfe Gefühl haben, im System der Konsensdemokratie eingelullt und über den Tisch gezogen zu werden. (...) Alle waren zum freundlichen Umgang miteinander verdonnert, und das brachte eine lügenhafte Sprache hervor. (...) Pim Fortuyns Erfolg beruhte auch darauf, dass er einfach aussprach, was auszusprechen als politisch unanständig galt und gilt. (...) Dass die Karikatur zu Teilen Wirklichkeit werden kann, beweisen die Niederlande, auch mit dem Schweigen über die hässliche Seite einer Gesellschaft, die Konflikte schafft, weil sie den Konflikt abschaffen wollte. Die Populisten sind Kinder einer fürsorglichen Politik, die voller Hochmut glaubt, die Bürger vor unangenehmen Wahrheiten schützen zu müssen. Je länger der Hochmut andauert, desto wahrscheinlicher wird, dass die europäischen Parteiensysteme dauerhaft um ein neues Mitglied erweitert werden*“ (FAZ vom 8.5. 2002: 1, 49, FAZ vom 18.5. 2002: 1).

Die Parlamentswahlen vom 15. Mai 2002 führten zu einem Rechtsruck in den Niederlanden. Während PvdA und D66 in die Opposition wechseln mussten, verblieb die VVD in der Regierung. Da die VVD bis dahin mit dem Wirtschaftsministerium die Federführung für den Bereich erneuerbare Energien inne hatte, könnte dies auf eine gewisse Kontinuität in diesem Politikfeld hindeuten. Koalitionspartner der VVD wurden die LPF, die sich im Wahlkampf für eine Abschaffung oder Senkung der Ökosteuer ausgesprochen hatte (FAZ vom 14.5. 2002: 7), und die Christdemokraten, die mit Jan-Peter Balkenende auch den Regierungschef stellen wollten, ab. Tabelle 10 zeigt, dass die bisherigen Regierungsparteien inklusive der VVD die großen Verlierer der Wahlen von 2002 waren. Strahlende Sieger waren neben der LPF vor allem die Christdemokraten und die Sozialistische Partei.

Es bleibt abzuwarten, welche Auswirkungen die Parlamentswahlen von 2002 auf die Energiepolitik und speziell auf die Förderung erneuerbarer Energien mittel- und langfristig haben werden. In der 49 Seiten langen Koalitionsvereinbarung, die im Juli 2002 vorgestellt wurde, standen das Thema Innere Sicherheit, eine Verschärfung der Einwanderungsregelungen und die Gesundheitspolitik im Mittelpunkt. Die Parteien wollen zusätzlich 700 Millionen Euro für die Kriminalitätsbekämpfung bereit stellen und mehr Konkurrenz unter den Anbietern von Gesundheitsleistungen einführen. Die von der LPF mit Nachdruck verlangte Abschaffung der Sonderabgabe auf Kraftstoffe wird zwar nicht direkt an den Tankstellen, aber über eine Senkung der Kraftfahrzeugsteuer an die Autofahrer partiell realisiert (FAZ vom 1.7. 2002: 2, FAZ vom 5.7. 2002: 5, NNM vom 4.7. 2002). Eine Umfrage unter meinen Interviewpartner, die ich anschrieb und nach ihren Erwartungen für den Bereich erneuerbare Energien unter dem neuen Regierungsbündnis fragte, hatte einen relativ einheitlichen Tenor: Energie- und Umweltpolitik dürfte für das neue Parteienbündnis eine nicht so hohe Priorität wie für die Vorgängerregierung haben. Erneuerbare Energien standen in keinem der drei Parteienprogramme so im Zentrum ihrer Programmatik wie etwa bei Groenlinks und hätten für die neuen Regierungsparteien nicht so eine Relevanz wie für PvdA und D66. Alle drei Parteiprogramme ließen aber vermuten, dass es zu einer Schließung des Atomreaktors Borssele nicht bereits Ende 2003, wie von der alten Regierung beschlossen, sondern erst 2007, wie von den Betreibern gewünscht, kommen wird. Die VVD hatte sich dafür bereits – wenn auch erfolglos – im alten Parteienbündnis eingesetzt.

Tabelle 10: Die niederländischen Wahlen 2002 und 1998 (Quelle: Website Niederländisches Parlament).

Partei	**Sitze 2002**	**Sitze 1998**
CDA	43	29
LPF	26	-
VVD	23	38
PvdA	23	45
GL	11	11
SP	9	5
D66	7	14
CU	4	5
SGP	2	3
LN	2	-
Sitze gesamt	**150**	**150**

4.2.2. Ökonomische Akteure

4.2.2.1. Stromproduzenten und Verteilungsunternehmen

Die holländischen Stromproduzenten haben bislang nur eine geringe Rolle bei der Entwicklung und Nutzung erneuerbarer Energien gespielt. Vielmehr sind die Stromverteilungsunternehmen die treibende Kraft gewesen. Beispielsweise ist 95 Prozent der installierten Windenergiekapazität in ihrem Besitz (Arentsen/Dinica 2001: 14).

Hauptursache für das geringe Engagement der Produzenten ist deren dominierendes Belief System, das sich bereits zu Beginn des 20. Jahrhunderts herausgebildet und bis heute Bestand gehabt hat. Dieses Belief System ist gekennzeichnet durch die monopole Organisation des Sektors sowie eine zentralisierte und mit Großkraftwerken laufende Erzeugung. Dieses Leitbild ist mit den vorwiegend dezentralen, auf kleineren Einheiten beruhenden erneuerbaren Energien kaum verträglich (vgl. Hofman/Marquart 2001: 141).

Dass die Verteilungsunternehmen eine Führungsrolle bei der Erzeugung von grünem Strom eingenommen haben, hängt damit zusammen, dass die niederländische Regierung von Ende der 1980er Jahre an schrittweise die bis dahin bestehenden Gebietsmonopole aufgebrochen hat. Mit dem Electricity Act von 1989 wurden Verteilung und Erzeugung voneinander getrennt und es wurde für Stromverteilungsunternehmen möglich, bis zu einer installierten Leistung von 25 Megawatt selbst als Produzent tätig zu werden. Dadurch wurde nicht zuletzt ein Boom bei der Kraft-Wärme-Kopplung ausgelöst (vgl. Arentsen/Hofman/Marquart 2000). Der Electricity Act von 1998 setzte eine EU-Richtlinie um und leitete eine grundlegende Neuordnung des Marktes ein: Wettbewerb und den Übergang von öffentlichen zu privaten Unternehmen. Dadurch hat sich das Spielfeld für die Stromproduktion von der nationalen auf die internationale Ebene verschoben. Während drei von vier Produzenten, wie in den nächsten Absätzen ausgeführt wird, bereits privatisiert worden sind, ist die Privatisierung von Verteilungsunternehmen aber noch nicht ganz so weit gediehen und vielfach noch im Diskussionsprozess begriffen.

In den letzten Jahren hat ein gewaltiger Konzentrationsprozess im holländischen Strommarkt statt gefunden. Von 12 Produktions- und 100 Verteilungsunternehmen Mitte der 1980er Jahre sind im Jahr 2002 nur noch vier bzw. zehn Firmen übrig geblieben. Essent und Nuon kontrollieren dabei allein zwei Drittel des Marktes.

Bereits seit Mitte der 1980er Jahre hatte es in Antizipation der späteren Gesetzesinitiativen einen Konzentrationsprozess im holländischen Stromerzeugungssektor gegeben (dazu ausführlich Arentsen/Fabius/Künneke 2001: 153f). Von den zuletzt vier Produzenten ist nur noch ein Unternehmen in holländischen Händen geblieben: EPZ, deren Mehrheitseigner das Stromverteilungsunternehmen Essent ist. Der andere Eigner ist Delta, ebenfalls ein Stromverteilungsunternehmen. Im Jahr 2002 haben Essent und Delta EPZ aufgeteilt und die Produktionskapazitäten in ihre Unternehmen integriert.

Essent ist zu 74 Prozent im Besitz der Provinzen Drenthe (2,3 Prozent), Flevoland (0,02 Prozent), Groningen (sechs Prozent), Limburg (16,1 Prozent), Noord-Brabant (30,8 Prozent), Overijssel (18,7 Prozent) und zu 26 Prozent im Besitz von (fast allen) Gemeinden aus den genannten Provinzen (Essent 2000: 7). Essent ist überwiegend als Verteilungsunternehmen tätig und dabei auch im Ökostrom-Bereich sehr aktiv. So hat das Unternehmen 1995 nicht nur als erstes holländisches, sondern, wie mein Gesprächspartner in dem Konzern meinte, als erstes Unternehmen weltweit eine grüne Strommarke angeboten. Da man Strom weder riechen noch fühlen und sehen kann, ging Essent eine Kooperation mit dem Umweltschutzverband WWF ein, der als eine Art Controller für die Qualität des grünen Stroms bürgen sollte und dem Unternehmen auch sein Logo zur Verfügung stellte. Dieses Engagement, so wird bei Essent unumwunden eingeräumt, sollte auch das durch die 50prozentige Beteiligung am Atomkraftwerk Borssele bei Umweltschützern angekratzte Image aufpolieren und Vertrauen schaffen (Interview van Gestel).

Die (bis 1999) anderen drei holländischen Stromproduzenten wurden von Electrabel aus Belgien (EPON), E.ON aus Deutschland (EZH) und Reliant aus den USA (UNA) übernommen. Damit scheiterte zugleich auch der viel diskutierte Ansatz, die vier verbleibenden Produzenten zu einem einzigen Konzern, der sich im europäischen Markt behaupten kann, zusammen zu schließen (Arentsen/Fabius/Künneke 2001: 157). Wegen der Überkapazitäten ist die finanzielle Situation der Produzenten angespannt und es bleibt abzuwarten, inwiefern Essent seine Eigenständigkeit bewahren kann[21]. Zugleich versucht der Konzern aber selbst, über die Grenzen, etwa nach Deutschland, zu drängen und sich dadurch zu vergrößern. So hat Essent für 568 Millionen Euro 51 Prozent der Stadtwerke Bremen und für 460 Millionen Euro 49,9 Prozent der Stadtwerke Bielefeld übernommen. Die Finanznot der deutschen Kommunen und die Tatsache, das von 972 kommunalen Versorgungsunternehmen in Deutschland noch 709 zu 100 Prozent in öffentlichen Händen sind, könnten weitere Übernahmen begünstigen (FAZ vom 8.3. 2002: 17, ZfK Mai 2000: 3).
Die Pionierrolle von Essent unter den Stromverteilungsunternehmen, in deren Reihen es ebenfalls zu einem rasanten Konzentrationsprozess gekommen war (dazu ausführlich: Arentsen/Fabius/Künneke 2001: 162ff.), wurde bereits angesprochen. Ende 2001 machte Ökostrom bereits zwei Prozent der gesamten von Essent verkauften Elektrizität aus. Bei den Haushalten lag der Wert sogar bei zehn Prozent. Dies entsprach auch dem niederländischen Durchschnitt und ähnelt den Werten in den nachfolgend beschriebenen Unternehmen. Der Ökostrom von Essent stammt aus Solar-, Wind- und Wasserenergie sowie, so wird im Gespräch unterstrichen, aus „sauberer" Biomasse (Interview van Gestel). Nuon, nach Essent das zweitgrößte Verteilungsunternehmen, betont, noch „qualitätsbewusster" als der Markführer zu sein, indem es auf den Einsatz von Biomasse verzichtet und seinen Ökostrom ausschließlich aus Wind, Sonne und Wasser gewinnt. Dafür stammt nicht 100 Prozent des Ökostroms aus Holland, sondern es wird auch ein nicht genannter Prozentsatz importiert. Nuon genießt bei Umwelt- und Branchenverbänden insofern hohes Ansehen, als es schon frühzeitig das Regierungsziel von zehn Prozent Ökostromanteil im Jahr 2020 als unternehmensinternes Ziel bereits für 2010 formuliert hat. Öffentlichkeitswirksam wurde zudem eine Abteilung für erneuerbare Energien aufgebaut, der die frühere sozialdemokratische Europaabgeordnete Annemarie Goedmakers vorsteht (Interview Goedmakers).

---

[21] Das Thema Überkapazitäten zeigt, wie sich die Wahrnehmungen der Akteure verändern. Im früheren Monopolmarkt galt es als essentiell, für alle Situationen gewappnet zu sein und ausreichende Kapazitäten vorzuhalten. Im liberalisierten Strommarkt sind die Energieunternehmen bemüht, überschüssige Kapazitäten abzubauen, um Kosten zu sparen. Dies könnte dazu führen, das bereits von 2004 an keine Überkapazitäten in den Niederlanden mehr bestehen und die Exportabhängigkeit dadurch noch weiter steigt. Ein Interviewpartner fürchtete in diesem Kontext bereits „kalifornische Verhältnisse" (Interview Verbong).

Schon ein halbes Jahr nach meinem Interview mit Annemarie Goedmakers hat Nuon allerdings in seinem Ökostromgeschäft einen strategischen Schwenk vollzogen und auch die bis dahin verpönte Biomasse in sein Programm aufgenommen. Neben der bestehenden Marke „Natuurstroom" aus Solar-, Wind- und Wasserenergie wird nun ein zweites Produkt namens „Groenstroom" angeboten, das sich aus Biomasse, Windenergie und Wasserkraft zusammensetzt. Es kann im Gegensatz zu „Natuurstroom" zu einem Preis angeboten werden, der dem konventioneller Stromangebote gleicht (Website Ecofys). Das Groenstroom-Angebot ist insofern überraschend, als der Ausschluss von Biomasse für die Erneuerbare-Energien-Abteilung von Nuon und speziell deren Leiterin als identitätsstiftendes Merkmal hervorgehoben worden war. Dies zeigt die geringe Haltbarkeit von Aussagen der ökonomischen Akteure im Untersuchungsfeld seit der Strommarktliberalisierung, die seither flexibler auf Kundenwünsche (in diesem Fall grünen Strom zu günstigen Preisen anzubieten) zu reagieren haben und meinen, sich deshalb „ideologischen Luxus" wie das Beharren auf teuren Sonnenstrom nicht mehr leisten zu können.

Nummer drei unter den Verteilungsunternehmen ist Eneco. Eneco nutzt die gesamte Breite der in den Niederlanden gültigen Definition erneuerbarer Energie, das heißt im Gegensatz zu Nuon und Essent besteht der Ökostrom hier auch aus der in Müllverbrennungsanlagen gewonnenen Elektrizität. Der grüne Strom wird je zur Hälfte in den Niederlanden und im europäischen Ausland, etwa in Norwegen und in Island, erzeugt (Interview Kursten). Neben den großen Drei hat die Liberalisierung des Strommarktes darüber hinaus neue Akteure wie das Unternehmen Echte Energie hervorgebracht, die sich zum Teil auf den Absatz von Ökostrom spezialisiert haben[22].

In Zukunft könnte das bisherige (Miss-)Verhältnis zwischen Produzenten und Verteilungsunternehmen in Bezug auf ihre Ökostromaktivitäten etwas ausgeglichener als in der Vergangenheit sein. Wegen entsprechender politischer Vorgaben (Mitverfeuerung von Biomasse in Kohlekraftwerken, siehe dazu ausführlich den Abschnitt zum Biomasse-Pfad) und technischer Neuentwicklungen (Offshore-Windenergie) dürften erneuerbare Energien auf jeden Fall auf Produzentenseite zukünftig einen größeren Stellenwert einnehmen. Diese beiden Anwendungen versprühen für die Produzenten zudem den Charme, sich in ihr Belief System einer zentralisierten, auf große Einheiten beruhenden Stromerzeugung einfügen zu können und damit einen Systemwechsel zu vermeiden.

4.2.2.2. Branchenverbände

Die niederländische Bioenergie-Organisation (Platform Bio-Energie) ist die Dachorganisation für Unternehmen, die in die Produktion von Energie aus

---

[22] Eine vollständige Übersicht der Ökostromangebote in den Niederlanden gibt die Ecofys-Website.

Biomasse involviert sind. Die pressure group wurde 1998 durch einige prominente Firmen des Bioenergiesektors gegründet. Ende 2001 zählten 28 Unternehmen zur Plattform. Der Verband geht von einer Definition der Biomasse in ihrer ganzen in den Niederlanden gültigen Breite, also inklusive der Verbrennung von Müll zur Stromerzeugung, aus. Bei der Betrachtung der Mitgliederstruktur fällt auf, dass es sich weniger um neue als vielmehr um Akteure der konventionellen Energiewirtschaft wie Nuon, Essent und Eneco handelt. Von den großen Firmen fehlt nur Shell. Aber auch Vertreter der Finanzwirtschaft (Rabobank) oder Institute wie KEMA gehören der Organisation an. Mit einem Beirat bindet die Plattform gezielt Mitglieder von Regierungsorganisationen und industriellen Verbänden ein. Das mit einer hauptamtlichen Person besetzte Sekretariat ist bei der Unternehmensberatung PricewaterhouseCoopers in Utrecht untergebracht. Diese administrative Verankerung in einen Großbetrieb dürfte Wahrnehmung und Einfluss der Plattform stärken. Darüber hinaus sind fachbezogen einige Arbeitsgruppen aktiv.

Als Kernaufgabe sieht es der Verband zum einen an, seine Mitglieder zu repräsentieren und zu vernetzen sowie die öffentliche Zustimmung zur Bioenergie zu erhöhen. Zum anderen sollen gezielt die politischen Entscheidungsträger beeinflusst werden. Dies ist grundsätzlich das Ziel jeder Lobbyorganisation. Während aber beispielsweise Holland Solar (siehe unten) die eigene Einflusslosigkeit beklagt, wird bei der Platform Bio-Energie der Kontakt zum Wirtschaftsministerium und zur Energieagentur Novem als „optimale Beziehung" bezeichnet. Zuweilen würden Positionspapiere sogar anstandslos übernommen. Zentrales Ziel der Organisation sei, so wird im Gespräch betont, die Praxis der Genehmigungsverfahren zu erleichtern. Zwar würden diese bei Biomasse-Kraftwerken schneller als bei Windanlagen abgewickelt, dauerten im internationalen Vergleich aber noch immer sehr lang. Dass einzelne Personen Projekte so lange verzögern können, wird als „frustrierend" und Dilemma des Polder-Modells bezeichnet. Die Perspektiven des Biomasse-Sektors werden dennoch als sehr günstig eingeschätzt, nicht nur wegen der Befreiung von der Ökosteuer, sondern vor allem wegen der covenant zur Effizienzsteigerung in Kohlekraftwerken, die, wie bereits im Abschnitt zum Biomasse-Pfad ausgeführt, zur zunehmenden Mitverfeuerung von Biomasse führen soll (Interview Arninkhof, Website Platform Bio-Energie).

Nicht zur Platform Bio-Energie zählt die Vereniging van Afvalverwerkers (VVAV). Sie repräsentiert Unternehmen, die Müllverbrennungsanlagen (MVA), Deponien und Kompostwerke betreiben. Diese Branche ist gekennzeichnet von Übernahmen durch ausländische Unternehmen und einen Konzentrationsprozess. Deshalb kann auf Nachfrage die gegenwärtige Anzahl der Mitgliedsfirmen aus der Abfallwirtschaft auch nicht genau angegeben werden. Sie wird in der Größenordnung von 30 bis 40 vermutet. Mit zwölf hauptamtlichen Mitarbeitern verfügt die VVAV über eine im Vergleich zu anderen Verbänden sehr gute personelle Ausstattung, was angesichts der

Kapitalintensität der Branche allerdings auch nicht überrascht. Der eigene Einfluss wird im Gespräch als „ziemlich gut“ eingeschätzt, und dabei wird die europäische Ebene ausdrücklich mit einbezogen. Gerade im Aushandlungsprozess der EU-Richtlinie zur Stromerzeugung aus erneuerbaren Energien haben VVAV-Vertreter erfolgreich darauf hingewirkt, dass die nationale Definition grüner Elektrizität, die Strom aus Müllverbrennungsanlagen partiell mit einbezieht, europäische Praxis wird. Als Kernanliegen betrachtet es die Organisation, das Image ihrer Branche zu verbessern. Die energetische Nutzung von Müllverbrennungsanlagen wird in diesem Zusammenhang als ein Hauptinstrument zur Akzeptanzsteigerung solcher Anlagen betrachtet. Der Einwand, dass die Berücksichtigung von MVA-Strom als regenerative Energie ein Hemmnis für den Ausbau anderer erneuerbaren Energien sein könnte, wird entschieden zurück gewiesen. Dafür seien die Niederlande noch zu weit von der EU-Vorgabe von neun Prozent im Jahr 2010 entfernt, als dass hier ernsthaft von einer Modernisierungsbremse gesprochen werden könnte (Interview Timmer).
Im Windenergiesektor sind drei Branchenverbände aktiv: PAWEX, FME-CWM Groep Windenergie und NEWIN. Die niederländische Windenergie Vereinigung (Nederlandse Windenergie Vereniging, NEWIN) wurde 1983 gegründet. Ihr gehören Einzelpersonen und Organisationen an. NEWIN ist eine klassische Lobbyorganisation, die durch das Ausüben von öffentlichem Druck sowie informell agiert und vor allem Entscheidungsträger beeinflussen will. Dazu werden Stellungnahmen zu aktuellen politischen Themen verfasst und Aktionspläne für langfristige Strategien erstellt. Konferenzen und Vortragsveranstaltungen sollen das öffentliche Wissen zur Windenergie verbreitern. NEWIN versteht sich als umsetzungsorientierte Organisation und legt daher sein Hauptaugenmerk auf das staatliche Regulierungsmuster. Für Konsultationen mit Regierungsvertretern wurde eigens eine Implementations-Kommission (Commissie Implementatie) aus der Taufe gehoben, die sich aus Experten aus allen Feldern der Windenergie zusammensetzt (Website Newin).
Die Turbinen-Hersteller sind in der FME-CWM Groep Windenergie organisiert. FME-CMW ist der größte industrielle Arbeitgeberverband und hat mehr als 3.000 Mitgliedsfirmen vor allem aus dem Metall-, Elektronik- und Elektrotechniksektor. Innerhalb von FME-CWM existieren im einzelnen 160 Sektororganisationen. Der Sektormanager der Windgruppe ist noch für drei weitere Organisationen zuständig. Die Wind-Gruppe wurde 1983 gegründet, FME selbst besteht seit Anfang der 1950er Jahre. Der Wind-Gruppe gehören zur Zeit zehn Hersteller an[23]. Nur noch einer davon, Lagerwey, ist ein holländisches Unternehmen. Lagerwey zählt zu den ältesten Windkraftanlagenherstellern weltweit, hat aber nur einen Weltmarktanteil von weniger als einem Prozent.

---

23 Laut der Mitgliederliste von Ende 2001 waren dies im Einzelnen: ABB, Enron Wind Rotor Production, Lagerwey Windturbine, LM Glasfiber Holland, NEG Micon Holland, Polymarin, Rheden Steel, Siemens Nederland, Smulders Groep und Vestas – Nederland Windtechnologie.

Die Produktpalette des Unternehmens reicht von 250 kW- bis zu 2 MW-Windturbinen. Letztere sind zusammen mit einem Konsortium jüngst entwickelt worden. Lagerweys Konkurrenten sind allesamt in den Händen ausländischer Firmen. Einen Spitzenplatz auf dem niederländischen Markt haben sich dänische Unternehmen erkämpft. Vestas und NEG Micon Nederland BV sind dabei die Marktführer (Johnson/Jacobsson 2002, Lagerwey 2002, New Energy 2/2002: 20).

Die Wind-Gruppe verfügt nach eigenen Angaben über gute Kontakte zu den zuständigen Ministerien. Kritisiert wird allerdings, dass der Staat wie etwa bei den Planungen für Offshore-Windenergieanlagen selbst als Akteur auftritt, anstatt sich darauf zu beschränken, die Rahmenbedingungen für eine generelle Durchführbarkeit zu schaffen. Als Haupt-Restriktion werden die langen Planungszeiten von bis zu sechs Jahren betrachtet. „Wir sind ein sehr demokratisches Land", heißt es dazu lakonisch (Interview van der Giessen).

Unabhängige Turbinen-Betreiber haben sich in der Organisation PAWEX zusammengeschlossen. Sie wurde 1992 gegründet und vertritt alle Eigentümer von Windanlagen, die nicht im Besitz oder unter Kontrolle von Energieversorgungsunternehmen sind. PAWEX gehören 46 Mitglieder an. Darunter sind vier regionale Verbände von Windturbinen-Betreibern und eine Genossenschafts-Dachorganisation, die ihrerseits noch einmal eine gewisse Anzahl von Mitgliedern repräsentieren. PAWEX betont die Effizienz seiner Mitglieder: Sie betreiben nach eigenen Angaben rund 40 Prozent der in den Niederlanden installierten Windenergiekapazität, produzieren aber 55 Prozent des Windstroms. Pawex zählt zu den im Electricity Act von 1998 definierten repräsentativen Organisationen von Marktteilnehmern, mit denen das Ministerium Modifizierungen des Gesetzes vor ihrer Implementierung abzustimmen hat. Gemessen am geringen Jahresbudget von 20.000 Euro sei der Einfluss der Organisation relativ groß, heißt es. Gerade der Kontakt zum Wirtschaftsministerium wird als gut beschrieben (Interview Kortenoever).

Holland Solar als Dach- und Lobbyorganisation der Solarbranche wurde bereits 1983 aus der Taufe gehoben. Ende 2001 zählte die Pressure Group 55 Mitglieder aus den Bereichen passive Solarenergienutzung, Solarthermie und der für diese Untersuchung relevanten Photovoltaik, wobei die Solarthermie-Fraktion lange Zeit den Verband dominierte. Es gehören der Organisation sowohl Produzenten von Anlagen wie auch die Anbieter von Dienstleistungen (Installation, Wartung etc.) an. Laut Holland Solar ist die Solarbranche mit rund 1.000 Beschäftigten in den Niederlanden relativ klein. Dementsprechend mager fällt auch die Ausstattung der Geschäftsstelle aus: gerade einmal eine hauptamtliche Kraft beschäftigt die Organisation, die zudem einen fünfköpfigen ehrenamtlichen Vorstand hat. In der Anfangsphase war es dem Verband ein Anliegen, die Regierung davon zu überzeugen, Solaranlagen nicht nur auf neuen Gebäuden, was kostengünstiger ist, zu installieren, sondern auch ältere Häuser mit ihnen auszustatten. Zugleich wandte sich Holland Solar mit der Zeit auch gegen die zunächst politisch (und auch verbandsintern) vorherrschende

Bevorzugung der Solarthermie und setzte sich dafür ein, dass auch die Photovoltaik in einem vergleichbaren Umfang gefördert wird. Holland Solar kritisiert den Richtungswechsel zu einer nachfrageorientierter Förderpolitik: „Der Markt, nicht die Regierung spielt die Musik", heißt es verbittert im Gespräch. Dass für alle erneuerbaren Energien ohne differenzierte Betrachtung ihrer unterschiedlichen Kostenstruktur die gleichen Steuervorteile gelten, wird für die teurere Photovoltaik als erheblicher Nachteil betrachtet. Die Vergütung in Deutschland wird als vorbildlich angesehen. Die Ankündigung der Regierung, sich auf die Förderung der billigeren und in ihrer Entwicklung bereits fortgeschritteneren Biomasse und Windenergie zu konzentrieren, wird mit Sorge gesehen. Durch die angestrebte Vernetzung mit anderen Branchenverbänden soll versucht werden, ein günstigeres Klima nicht nur für einzelne, sondern für sämtliche erneuerbare Energien zu schaffen (Interview Jansen-Lammerts).

Wichtigstes Mitglied von Holland Solar ist Shell Solar, der einzige Produzent von Solarmodulen in den Niederlanden. Das zum britisch-niederländischen Ölkonzern Royal Dutch/Shell Group of Companies gehörende Unternehmen ist aus der Siemens und Shell Solar GmbH hervorgegangen. Shell, bis dahin mit 33 Prozent beteiligt, hat im Jahr 2002 die Anteile von Siemens (34 Prozent) und der Eon Energie AG (33 Prozent) erworben. Seit der Übernahme aller Geschäftsanteile fungiert die Gesellschaft unter dem Namen Shell Solar. Shell Solar hat im Jahr 2001 einen Umsatz von 250 Millionen Dollar erzielt und beschäftigt weltweit rund 1.100 Mitarbeiter, davon am niederländischen Standort Helmond allein 170. Weitere Produktionsstätten unterhält Shell Solar in Deutschland (Gelsenkirchen) und in den Vereinigten Staaten (Camarillo). Das internationale Hauptquartier von Shell Solar ist beim Mutterkonzern in Amsterdam angesiedelt.

An den drei Standorten kann insgesamt eine Jahreskapazität für Solarmodule von 60 Megawatt produziert werden, was einem Weltmarktanteil von 15 Prozent entspricht. Im Zeitraum 2002 bis 2005 will die Shell-Gruppe bis zu einer Milliarde Euro in ihren solaren Zweig investieren, der 2005 die Gewinnzone erreicht haben soll. Die Ausweitung des Engagements wird damit begründet, dass angesichts von zwei Milliarden Menschen auf der Welt, die keinen Zugang zu Elektrizität haben, neue Absatzmärkte erschlossen werden können und dass auch immer mehr Industrieländer spezielle Förderprogramme auflegen. Es wird erwartet, das der Solarmarkt von 2000 bis 2010 um durchschnittlich 22 Prozent im Jahr wächst und im Jahr 2050 mit Solarenergie zwischen 30 und 50 Prozent des Weltprimärenergiebedarfs befriedigt werden könnte.

In der Produktionsstätte in Helmond werden Solarzellen und Solarmodule sowie einige komplette netzunabhängige Anwendungsformen hergestellt. Speziell für Entwicklungsländer wird ein autonomes Mini-Solarenergiesystem produziert, das zur Beleuchtung und für Radio und/oder Fernsehen ausreichen soll. In Zusammenarbeit mit dem südafrikanischen Energieversorgungsunternehmen Eskom sollen mit dieser Anwendung 50.000 Haushalte in einer Gegend am

Ostkap elektrifiziert werden. In den Niederlanden hat Shell Solar einige Vorzeigeprojekte realisiert. In Amersfoort ist nach eigenen Angaben die größte solare Siedlung in Europa entstanden. Dort sind auf 500 Wohnungen und zwei Schulen Solarmodule installiert worden. Weitere ambitionierte Vorhaben wurden in Apeldoorn (100 Wohnungen) und Amsterdam (60 Wohnungen) realisiert, zudem wurden die Hauptquartiere einiger großer Unternehmen wie zum Beispiel Eneco in Den Haag mit Solaranlagen versehen (FAZ vom 25.1. 2002: 24, Website Shell in Nederland, Shell Renewables o.J., Shell Renewables o.J.).
Als bei Holland Solar in den 1980er Jahren noch die Solarthermie-Produzenten dominierten, war die holländische Sektion der Internationalen Solarenergie Vereinigung (ISES) eine aktivere Lobby für die Förderung der Photovoltaik in den Niederlanden. ISES wurde 1954 in den USA gegründet und ist nach eigenen Angaben die größte weltweit tätige Organisation im Bereich der Forschung, Anwendung und Förderung erneuerbarer Energien. Der Hauptsitz von ISES ist im deutschen Freiburg. ISES gehören 30.000 Mitglieder in über 100 Ländern an. Neben der holländischen bestehen noch 49 weitere nationale Sektionen. Der niederländischen Gliederung gehörten im Mai 2002 175 Mitglieder an. Dabei handelt es sich vornehmlich um Wissenschaftler, während Holland Solar vor allem ein Zusammenschluss von Vertretern aus der Industrie ist. Die beiden Organisationen kooperieren insofern, als Holland Solar im Vorstand von ISES-NL vertreten ist. Im Gegensatz zu Holland Solar verfügt ISES über keine festangestellte Arbeitskraft, die die Aktivitäten der Organisation koordiniert. Die Vernetzung der Mitglieder erfolgt über zwei jährliche Treffen sowie einem vierteljährlich erscheinenden Newsletter und einer monatlichen Email-Aussendung (Website ISES, Interview van der Veer, Interview Verbong).

4.2.2.3. Finanzwirtschaft

Banken spielen für erneuerbare Energien in den Niederlanden eine im Vergleich mit anderen Industrieländern große Rolle. Seit Anfang der 1990er Jahre bieten sie ihren Kunden so genannte grüne Fonds an, die diesen die Möglichkeit bietet, umweltfreundliche Projekte mitzufinanzieren (und an ihnen mitzuverdienen). Damit soll eine entsprechende Nachfrage seitens der umweltbewussten Holländer befriedigt werden, zugleich ist dies aber auch eine Möglichkeit, sich ein positives Image zu verschaffen, das auf das gesamte Unternehmen abstrahlt. Grundsätzlich sind Banken aber in erster Linie Akteure, die gesellschaftliche Entwicklungen nicht anstoßen, sondern ihnen eher folgen. So auch in Bezug auf erneuerbare Energien in den Niederlanden. Der Durchbruch wurde daher erst erzielt, als die Regierung 1992 das Green Funds System (GFS) einführte. Danach sind Erträge aus grünen Fonds von der Einkommensteuer befreit. Der größte Vorteil aber besteht für Unternehmen, die grüne Projekte auf den Weg bringen, in Form geringerer Zinssätze für ihre Darlehen. Der Erfolg des GFS ist

so groß, dass Banken schon allein deshalb teilnehmen, weil sie sonst fürchten müssten, Kunden an die Konkurrenz zu verlieren.
Was als ein grünes Projekt anerkannt wird, ist unter Federführung des Umweltministeriums gesetzlich geregelt worden. Dazu zählen Bereiche wie nachhaltiges Bauen, Natur- und Bodenschutz, ökologischer Landbau und eben erneuerbare Energien. Mindestens 70 Prozent eines Fonds müssen in diesen ökologischen Bereichen investiert werden, um von der Nationalbank die Anerkennung als ein Green Funds ausgestellt zu bekommen. Ob ein Projekt den gesetzlich festgelegten Kriterien genügt, ist von der staatlichen Umwelt- und Energieagentur Novem innerhalb von acht Wochen zu überprüfen. Einen entsprechenden Antrag stellen die jeweiligen Banken, mit denen der potenzielle Investor Kontakt aufgenommen hat. Mit welcher Bank er ins Geschäft kommt, bleibt ihm überlassen. Dadurch soll ein gewisser Wettbewerb zwischen den verschiedenen Fonds stimuliert werden.
Bis Ende 1999 wurden 2,574 Milliarden Euro in solchen grünen Fonds angelegt, 1.407 Projekte wurden dadurch verwirklicht. Ein Drittel der Summe entfiel dabei auf erneuerbare Energien, die damit den größten Einzelposten darstellten. Ein Großteil aller Windenergieprojekte – bis Ende 1999 690 Turbinen – wurde mit GFS-Mitteln realisiert.
Seit 1995 können auch Projekte in Entwicklungs- und Schwellenländern als GFS-Projekt anerkannt werden. Während für inländische Projekte nur ökologische (hoher Umweltnutzen) und ökonomische Kriterien (fehlende Wirtschaftlichkeit ohne GFS-Förderung) angelegt werden, müssen Auslandsprojekte auch festgelegten sozialen Ansprüchen Rechnung tragen wie Partizipation der lokalen Bevölkerung, keine Kinderarbeit und Organisationsfreiheit. Bis Ende 1999 wurden 20 Millionen Euro außerhalb der Niederlande, vorwiegend in China, den Niederländischen Antillen, Bolivien, Ägypten, Ghana und Rumänien angelegt (van Bellegem 2001: 234ff.).
Neben den beiden ethisch-ökologischen Banken ASN und Triodos – letztere hat ihr Profil im Untersuchungsfeld auch durch die Beteiligung an einem Projekt in Bolivien, das 10.000 Haushalte mit Solaranlagen ausstattete, geschärft - sind die großen Drei der holländischen Finanzwirtschaft (Rabobank, ABN Amro, ING/Postbank) im Bereich grüner Anlagen am aktivsten: Sie verfügen in diesem Segment über einen Marktanteil von 90 Prozent. Gerade die genossenschaftliche Rabobank, national an dritter Stelle und im weltweiten Finanzgruppen-Ranking immerhin an Position 32, versucht sich in ihrer gesamten Geschäftspolitik zunehmend mit „sustainable banking" zu profilieren. Ähnlich den Alternativbanken wurden Ausschlusskriterien formuliert. Danach werden grundsätzlich keine Kredite mehr vergeben für zum Beispiel Waffengeschäfte, Coffee-Shops und Bordelle. Die Rabobank ist auch ein Sponsor der Vereinigung von Investoren für eine nachhaltige Entwicklung (VBDO), einer holländischen Pressure Group von Aktionären (Schrama 2001: 86ff.).
Vom Engagement der Rabobank, die im Jahr 2002 28 Prozent des Kapitals der im Bereich ethisches Investment ebenfalls sehr aktiven Schweizer Bank Sarasin

übernommen hat (mit der Option einer vollständigen Sarasin-Übernahme innerhalb von sieben Jahren), geht auch deshalb weltweit eine Signalfunktion aus, weil sie die einzige Bank ohne eine Staatsbeteiligung ist, der von allen maßgeblichen Rating-Agenturen die höchste Kreditbewertung (Triple-A) zuerkannt wird (FAZ vom 5.3. 2002: 22).

4.2.3. Umweltverbände

Aufgrund der traditionellen Minderheitenfreundlichkeit Traditionen der niederländischen Konkordanzdemokratie konnten sich Umweltverbände in Holland frühzeitig etablieren und in der Gesellschaft verankern. Seit 1980 stieg ihre Mitgliederzahl um 500 Prozent (Kleinfeld 2001: 306). Die drei größten holländischen Umweltverbände sind die Vereinigung Natuurmonumenten, Wereld Natuur Fonds (WWF) und Greenpeace. Die meisten Mitglieder hat die bereits im Jahr 1905 gegründete Vereinigung Natuurmonumenten: sie wird von 850.000 Menschen unterstützt[24]. Dadurch kann sie 575 Personen in einem festen Arbeitsverhältnis beschäftigen. Für das Thema erneuerbare Energien spielt die Organisation allerdings keine Rolle: sie konzentriert sich auf den klassischen Naturschutz. Als wichtigstes Instrument zur Erhaltung der ursprünglichen Landschaft betrachtet Natuurmonumenten den Erwerb von Flächen. Im Laufe der Jahre hat der Besitz daher auch stetig zugenommen. Derzeit verwaltet die Vereinigung etwa 76.000 Hektar (Vereinigung Natuurmonumenten o. J: 3).
Für den WWF, mit 700.000 Mitgliedern die Nummer zwei unter den holländischen Umweltverbänden, stellt der Bereich erneuerbare Energien hingegen ein Schlüsselthema dar. Dies dokumentiert zugleich einen Wandel des Selbstverständnisses der Organisation. Bis 1990 sah der WWF seine Kernaufgabe darin, Geld für den Naturschutz in Ländern der so genannten dritten Welt zu sammeln. Diese eher unpolitische Rolle hat der WWF mit dem Anspruch aufgegeben, allgemeinpolitischer und lösungsorientierter zu wirken. Einer pragmatischen Sichtweise folgend sollen Systemgrenzen bewusst nicht gesprengt werden. Der Bereich Klimaschutz wurde dabei als vorrangiges Betätigungsfeld identifiziert. Erfolge möchte der WWF erreichen, indem er gezielt Kooperationen mit Unternehmen eingeht. Dahinter steckt der Gedanke, in Analogie zur Lohn- und Sozialpolitik auch ein Grünes Poldermodell für Umweltfragen einzuführen. Seine Feuertaufe in bezug auf diese strategische Neuorientierung bestand der WWF Mitte der 1990er Jahre in seiner Zusammenarbeit mit einem Energieunternehmen, durch die die Umweltschutz-

---

[24] Zu den Mitgliederzahlen der Vereinigung Natuurmonumenten, Wereld Natuur Fonds und Greenpeace ist anzumerken, dass es sich bei diesen Organisationen um Stiftungen handelt, die offiziell keine Mitglieder, sondern nur Spender und Fördermitglieder kennen. Als Mitglied der Vereinigung Natuurmonumenten erschöpfen sich die „Mitgliederrechte" beispielsweise darin, eine Monatszeitschrift zu beziehen und freien Zugang zu den von der Organisation angekauften Naturschutzgebieten zu haben (Kleinfeld 2001: 306).

organisation zugleich eine Pionierrolle beim Bezug von grünem Strom einnehmen konnte.
1995 wurde von Essent (damals noch als PNEM agierend) als erstem holländischem Unternehmen eine grüne Strommarke angeboten. Essent ging eine Kooperation mit dem WWF ein, der als eine Art Controller für die Qualität des grünen Stroms bürgen sollte und dem Unternehmen dafür auch sein Logo zur Verfügung stellte. Diese Kooperation wurde von Unternehmensseite aus als Schlüsselinstrument für das Marketing des neuen Produkts betrachtet. Der WWF sah darin wiederum die Chance, einen konkreten Beitrag zum Ausbau erneuerbarer Energien zu leisten. Für die Kooperation sei kein Geld an die Umweltschutzorganisation geflossen, betonte mein Gesprächspartner beim WWF.
Nachdem der grüne Strom von Essent erfolgreich in den holländischen Strommarkt eingeführt worden war, weitete der WWF sein Engagement aus. Er initiierte öffentlichkeitswirksame, vom Wirtschaftsministerium finanziell unterstützte Kampagnen für grünen Strom und nahm sukzessive die Rolle einer allgemeinen Monitoring-Instanz ein. Gegen eine geringe Gebühr bekamen alle Stromunternehmen prinzipiell die Möglichkeit, ein werbewirksames Zertifikat mit WWF-Logo zu erstehen. Voraussetzung dafür war allerdings, einen von der Umweltschutzorganisation erstellten Kriterienkatalog zu erfüllen. Dazu zählte unter anderem, dass der Ökostrom nicht aus Müllverbrennungsanlagen und großen Wasserkraftwerken gewonnen wird. Damit waren die WWF-Kriterien strenger als die aus der EU-Richtlinie von 2001 und die der Behörde für grüne Zertifikate (GCB), die den WWF Mitte 2001 als Monitoring-Instanz ablöste (Interview Schöne).
Greenpeace Niederlande wird von rund 610.000 Menschen unterstützt. Durch ihr aktionsorientiertes Wirken kann die Organisation das öffentliche Bewusstsein wohl am stärksten beeinflussen. Zugleich kann sie ihr Ansehen in der Öffentlichkeit durch eine eigene Fernsehshow stärken. Gemeinsam mit den anderen großen Umweltverbänden hat sich Greenpeace in Form einer Umweltlotterie eine von staatlichen Fördermitteln und Mitgliedsbeiträgen unabhängige Einnahmequelle erschlossen (Kleinfeld 2001: 306f.). Im Energiebereich hat die holländische Sektion der Organisation ihr Profil besondern durch ihre Proteste gegen die Atomenergie geschärft. Wenngleich Greenpeace seine Aktionsorientierung beibehält, will der Umweltschutzverband wie der WWF ebenfalls auch stärker lösungsorientiert wirken. Ein Beispiel aus dem Untersuchungsfeld ist dabei das Projekt „Solaris“. Es hat zum Ziel, den Durchbruch bei der Nutzung der Photovoltaik in Privathaushalten zu erzielen. Dazu werden Solaranlagen zum halben Preis verkauft. Diese Reduktion wird unter anderem durch einen Zuschuss von der staatlichen Energieagentur Novem und mit Unterstützung vom Hersteller Shell Solar realisiert. Bis 1999 waren durch Solaris 5.000 Solarstromanlagen in den Niederlanden installiert worden (Schrama 2001: 89),

Neben Greenpeace und dem WWF ist für das untersuchte Themenfeld noch die Stichting Natuur En Milieu (SNM) von Bedeutung. Die holländische Sektion von Friends of the Earth International, die Vereinigung Milieudefensie, zählt zwar mit rund 50.000 Mitgliedern und über 100 Beschäftigten zu den größeren holländischen Umweltgruppen, hat ihre Schwerpunkte aber mehr auf andere Gebiete wie den Verkehrsbereich gelegt. SNM hingegen definiert den Energiebereich als eines seiner zentralen Felder. Untypisch für niederländische Verbände ist, dass SNM über einen provinzialen und lokalen Unterbau verfügt. Die Organisation ist so eine Art Föderation von zwölf relativ eigenständigen, aber miteinander verbundenen Einheiten in den Provinzen. Bundeszentrale und Ländersektionen haben gemeinsam ein Windprogramm erstellt, in dem detailliert aufgelistet wird, an welchen lokalen Standorten der Anlagenbau „mit Respekt vor Natur und Landschaft" betrieben werden könnte (SNM 2000).
SNM gehören zwar nur 7.000 Mitglieder an, doch durch die Gelder aus der Umweltlotterie und vor allem dank staatlicher Unterstützung können 80 hauptamtliche Kräfte beschäftigt werden. Regierungsgelder fließen in erster Linie vom Umwelt-, aber auch vom Landwirtschaftsministerium. Dies liegt daran, dass die Organisation nie eine konfrontative, aktionsorientierte Linie verfolgt hat, sondern immer sachorientiert und dialogisch aufgetreten und deshalb als Gesprächspartner immer gefragt gewesen ist. Zugleich kennzeichnet SNM sein Pragmatismus. Die Liberalisierung des Strommarktes wurde zwar zunächst abgelehnt, relativ schnell hat man sich jedoch auf die neuen Rahmenbedingungen eingestellt und eine ökologische Regulierung des Sektors gefordert. Auch personell kann die Ausrichtung der Organisation, von radikaleren Umweltschützern als „Schmusekurs" abgetan, gut dokumentiert werden. Der seit Anfang 2001 für erneuerbare Energien zuständige Referent arbeitete zuvor für die Dachorganisation der Energiefirmen, EnergieNed (Interview van den Wittenboer).
Die inhaltlichen Forderungen der drei im Themenfeld wichtigen Umweltorganisationen unterscheiden sich nur punktuell. Einig sind sie sich darin, dass die nationalen Ausbauziele auch zu 100 Prozent in Holland und nicht über Importe realisiert werden sollen; dass nicht nur einzelne, kostengünstigere, sondern alle erneuerbaren Energien staatlich gefördert werden müssen, weil nur ihr Mix eine rein regenerative Energieerzeugung perspektivisch möglich macht; und dass nur saubere Biomasse als Ökostrom gelten sollte, um nicht eine verkehrte Abfallpolitik (Müllverbrennung) und eine falsche Landwirtschaftspolitik (Biomasse aus Massentierhaltung) letztlich zu legitimieren.
In dieser Untersuchung wird nur die Markoebene betrachtet. Es soll allerdings nicht unterschlagen werden, dass Umweltorganisationen auf lokaler Ebene nicht immer die gleichen Positionen vertreten wie ihre nationalen Zentralen. Wenn es etwa um den Bau von Windenergieanlagen geht, sind, wie es mein Gesprächspartner von der Stichting Natuur En Milieu formulierte, „wir oft ein Teil des Problems" (Interview van den Wittenboer). Ein aktuelles Beispiel dafür aus dem Jahr 2002 ist der am Ende erfolgreiche Widerstand gegen den

Windpark Afsluitdijk in Waddenzee und Ijseselmeer mit einer Gesamtkapazität von 278 MW (Wolsink/Breukers 2002: 212ff.)

4.2.4. Gewerkschaften

Für die niederländischen Gewerkschaften sind weder die Energiepolitik im Allgemeinen noch erneuerbare Energien im Besonderen ein wichtiges Thema. Nachdem in den 1970er Jahren noch eine große Bereitschaft bestand, sich auf neue soziale Bewegungen und deren Forderungen einzulassen, wurde Anfang der 1980er Jahre ein Kurswechsel vollzogen. Seither kennzeichnet die holländischen Gewerkschaften Pragmatismus und die Bereitschaft, Konflikte in bestehenden Verhandlungssystemen auszutragen. Dies dokumentiert auch die Tatsache, dass die Streikquote in den Niederlanden neben Österreich zur niedrigsten in der Europäischen Union zählt (vgl. Kleinfeld 2001: 297).

Der gewerkschaftliche Organisationsgrad ist wie in anderen Industrieländern auch rückläufig und liegt bei 27 Prozent. Damit sind 1,911 Millionen Menschen in den Niederlanden Mitglied einer Gewerkschaft. Größter Gewerkschaftsverband ist der FNV (Federatie Nederlandse Vakbeweging). Ihr gehören rund 63,5 Prozent aller gewerkschaftlich organisierten Arbeitnehmer an. FNV ist zugleich ein Beispiel für eine partielle Überwindung der Versäulung der niederländischen Gesellschaft. Der Dachverband ist aus der katholischen NKV und der sozialistischen NVV hervorgegangen. Der Beschluss dafür fiel bereits 1976, in Kraft trat die Neugründung 1982.

Der zweitgrößte Gewerkschaftsdachverband ist der protestantische Gewerkschaftsbund CNV (Christelijk Nationaal Vakverbond), in dem 18,6 Prozent aller Gewerkschaftsmitglieder organisiert sind. Er nahm zwar in den 1970er Jahren an den Fusionsgesprächen mit NKV und NVV teil, schloss sich der FNV dann aber nicht an, weil er seine Selbständigkeit und eigene Identität bewahren wollte und letztlich allenfalls zu einer lockeren Föderation bereit war. Ein dritter Dachverband besteht für die Gewerkschaften für leitende Beamte und höhere Angestellte (Raad voor Overleg Middelbaar en Hoger Personeel, MHP). MHP wurde in den 1970er Jahren gegründet, ihr gehören 11,3 Prozent aller Gewerkschaftsmitglieder an. Das Verhältnis von MHP zu den beiden anderen Dachverbänden wird als kühl beschrieben. In FNV, CNV und MHP sind 93,4 Prozent aller Gewerkschaftsmitglieder Mitglied. Die anderen organisierten Arbeitnehmern (6,6 Prozent) gehören Gewerkschaften an, die nicht den drei großen Dachverbänden angegliedert sind (alle Zahlen Stand März 2001 nach Website FNV, vgl. auch Kleinfeld 2001: 294ff., Lepszy 1999: 350ff.).

Von den 12 Einzelgewerkschaften im größten Gewerkschaftsdachverband FNV sind drei in Ansätzen mit Fragen der Energiepolitik befasst: ABVAKABO FNV ist die größte Gewerkschaft für den öffentlichen Dienst. Hier sind zugleich auch die Beschäftigten des letzten holländischen Atomkraftwerkes Borssele organisiert. FNV Bouw vereint über die Hälfte aller Bauarbeiter und Bauhandwerker und beschäftigt sich teilweise mit dem Thema nachhaltiger

Wohnungsbau, worunter auch die Nutzung von Solarenergie fällt. Bei FNV Bondgenoten gibt es das Thema Energiepolitik nur noch in den Archiven: in dieser Gewerkschaft waren mehrere Zehntausend Beschäftigte des Bergbaus organisiert, der bis in 1970er Jahre in der Provinz Limburg konzentriert war, dann aber, nach den Gas-Funden und der Perzeption billiger Kohle-Importmöglichkeiten, aufgegeben wurde und zu einem Kollaps der lokalen Ökonomie führte (Interview Leemreize).
Im holländischen Energiesektor arbeiteten, wie Tabelle 11 zeigt, im Jahr 2000 insgesamt 29.000 Menschen in 25 Unternehmen[25]. Als ein Resultat des Konzentrationsprozesses in der Energiewirtschaft ist die Anzahl der Beschäftigten um 20 Prozent im letzten Jahrzehnt gesunken. Wie viele der 29.000 Beschäftigten in der Energiewirtschaft einer Gewerkschaft angehören, kann nicht angegeben werden (EnergieNed 2001: 19).
Von den 400 Mitarbeitern, die für den FNV arbeiten, ist gerade ein Referent für den Bereich Umweltpolitik zuständig. Im Gespräch räumt er unumwunden ein, dass die Gewerkschaften keine aktive Rolle beim Thema erneuerbare Energien spielen, sich gleichwohl aber von ihrem Selbstverständnis her als aufgeschlossen und generelle Unterstützer einer höheren Energieeffizienz sowie eines stärkeren Einsatzes von regenerativen Energien verstehen. Vielmehr sieht er seine Aufgabe eher darin, Umweltthemen mit Gebrauchswert für die Beschäftigten wie Gesundheit am Arbeitsplatz und eine umweltverträgliche Arbeitsanfahrt in den Vordergrund zu stellen. Auch er sieht die Konzentration auf Kernaufgaben (Schaffung und Erhalt von Arbeitsplätzen, bessere Arbeitsbedingungen und Einkommen) als zentrale Begründung für das geringe energiepolitische Profil der Gewerkschaften. Lediglich im Kontext der Liberalisierung der Strommärkte habe es Diskussionen gegeben, allerdings geprägt von der Sorge um den Verlust von Arbeitsplätzen und nicht in Bezug auf die Auswirkungen auf einzelne Energieträger.
Warum werden die im Vergleich zu fossil-atomarer Energie arbeitsintensiveren erneuerbaren Ressourcen nicht als Chance begriffen, zusätzliche Beschäftigungseffekte zu erzielen? Wegen des nicht vorhandenen Bergbaus und der geringen Bedeutung der Atomkraft wurde nie die Notwendigkeit einer gewerkschaftlichen Konversionsdebatte empfunden, wie dies in anderen Industrieländern der Fall war, sagt mein Gesprächspartner bei FNV. Zugleich sei die in den Niederlanden geringe Arbeitslosenquote bislang kein Anreiz gewesen, verstärkt über neuere Beschäftigungsfelder wie erneuerbare Energie-Technologien nachzudenken (Interview Leemreize). Vielmehr sieht er seine Aufgabe eher darin, Umweltthemen mit Gebrauchswert für die Beschäftigten wie Gesundheit am Arbeitsplatz und eine umweltverträgliche Arbeitsanfahrt in

[25] Zu dieser Aufstellung ist jedoch anzumerken, dass sie nur die konventionelle Energiewirtschaft erfasst und neue Akteure wie Windturbinenhersteller oder Produzenten aus der Solarbranche – dabei handelt es sich jeweils vorwiegend um kleine und mittelständische Unternehmen – nicht mitgezählt werden.

den Vordergrund zu stellen. Auch er sieht die Konzentration auf Kernaufgaben (Schaffung und Erhalt von Arbeitsplätzen, bessere Arbeitsbedingungen und Einkommen) als zentrale Begründung für das geringe energiepolitische Profil der Gewerkschaften. Lediglich im Kontext der Liberalisierung der Strommärkte habe es Diskussionen gegeben, allerdings geprägt von der Sorge um den Verlust von Arbeitsplätzen und nicht in Bezug auf die Auswirkungen auf einzelne Energieträger.

Warum werden die im Vergleich zu fossil-atomarer Energie arbeitsintensiveren erneuerbaren Ressourcen nicht als Chance begriffen, zusätzliche Beschäftigungseffekte zu erzielen? Wegen des nicht vorhandenen Bergbaus und der geringen Bedeutung der Atomkraft wurde nie die Notwendigkeit einer gewerkschaftlichen Konversionsdebatte empfunden, wie dies in anderen Industrieländern der Fall war, sagt mein Gesprächspartner bei FNV. Zugleich sei die in den Niederlanden geringe Arbeitslosenquote bislang kein Anreiz gewesen, verstärkt über neuere Beschäftigungsfelder wie erneuerbare Energie-Technologien nachzudenken (Interview Leemreize).

Tabelle 11: Unternehmen in der holländischen Energiewirtschaft und ihre Mitarbeiterzahl (Quelle: EnergieNed 2001: 24ff.).

Unternehmen	**Anzahl der Mitarbeiter**
Amsterdam Power Exchange	23
Cogas	211
Delta	1.289
Electricité de France	5
Electrabel	741
Energieversorgung Baden-Württemberg	13
Eneco	3.816
E.ON	730
Essent	9.875
Gasunie	1.464
Intergas	132
Nutsbedrijf Haarlemmermeer	67
Nutsbedrijf Regio Eindhoven	413
Nuon	6.807
Nutsbedrijven Maastricht	240
Obragas	149
ONS-Gruppe	98
Reliant Energy	800
Remu	1.424
Rendo	150
Statkraft	17
Tennet	197
Transportnet Zuid-Holland	123
Vattenfall	10
Westland	218
Gesamt	**29.012**

4.2.5. Forschungseinrichtungen

Führende Energieforschungseinrichtung in Holland ist das Niederländische Energieforschungszentrum (Energie Onderzoekcentrum Nederland, ECN) in Petten. Es beschäftigt fast 1.000 Mitarbeiter und setzt rund 90 Millionen Euro im Jahr um. Das ECN ist 1976 aus dem bereits 1955 aus der Taufe gehobenen nationalen Kernenergieforschungszentrum RCN (Stichting Reactor Centrum Nederland) hervorgegangen. Das ECN konzentriert sich auf Forschung und Entwicklung in drei Bereichen: erneuerbare Energien, Energieeinsparung und eine effiziente Umwandlung fossiler Energie. Der Kernenergiebereich wurde 1998 aus dem ECN ausgegliedert. Diese Sparte fusionierte mit der entsprechenden Abteilung von KEMA, dem Forschungsinstitut des Elektrizitätssektors. Der Zusammenschluss agiert unter dem Namen NRG (Nuclear Research and Consultancy Group).

Bis Ende der 1980er Jahre war das formal unabhängige ECN quasi ein Hausinstitut des Wirtschaftsministeriums, das faktisch ein Monopol auf Beratung und Forschung in Energiefragen hatte. Seit 1989 beauftragt das Ministerium jedoch zunehmend auch private Institute, so dass sich auch das ECN dem Wettbewerb stellen muss. Dennoch machen Aufträge der nationalen Regierung noch immer rund 40 Prozent des Umsatzes aus. Neben dem Wirtschaftsministerium bzw. der staatlichen Energieagentur Novem ist die Europäische Union wichtigster Auftraggeber des ECN. Gutachten werden darüber hinaus auch für die Industrie, multilaterale Finanzinstitute wie die Weltbank und das holländische Umweltministerium sowie Provinzen und Gemeinden erstellt.

Das ECN ist in sieben Forschungsgebiete aufgeteilt. Vier davon sind explizit mit dem Thema erneuerbare Energien befasst: die Abteilungen für Photovoltaik, für Windenergie, für Biomasse und für erneuerbare Energien im Wohnungsbau. Daneben gibt es noch die Einheiten für fossile Brennstoffe und für Energieeffizienz. Eine siebte Abteilung, die für politische Studien, ist partiell ebenfalls mit regenerativen Energien beschäftigt. 14 ihrer 50 Mitarbeiter sind in einem Referat für erneuerbare Energien zusammengefasst. Während die anderen Abteilungen einen technischen Fokus haben, soll das Gebiet für politische Studien gezielt die Bedingungen für eine erfolgreiche Markteinführung analysieren. Dazu werden insbesondere Förderinstrumente evaluiert. Dies erfolgt vielfach auch im internationalen Vergleich. Neben dieser auf die Niederlande und andere Industrieländer beschränkten Betrachtungsweise sieht es die Erneuerbare Energien-Gruppe als einen zweiten Schwerpunkt an, Faktoren für eine erfolgreiche Einführung nicht-fossiler Energien in Entwicklungsländern zu identifizieren. Die Abteilung für politische Studien ist auch ein Indiz für einen Wandel in den Niederlanden von einer vorwiegend naturwissenschaftlich ausgerichteten Energieforschung zu einer Forschung, die zunehmend auch wirtschafts- und sozialwissenschaftliche Aspekte aufnimmt

(Interview de Lange, vgl. auch Website ECN, Hofman/Marquart 2001: 22, Duijhouwer/de Wit 1996: 305).
Das ECN verfügt über Kooperationspartner in der Industrie wie zum Beispiel EnergieNed und arbeitet zusammen mit den technischen Universitäten in Delft, Eindhoven und Enschede sowie mit privaten Instituten. Von diesen ist im Untersuchungsfeld Ecofys hervorzuheben. Ecofys ist eine internationale Firma mit 160 Mitarbeitern und Niederlassungen in fünf Ländern (Deutschland, Großbritannien, Holland, Polen, Spanien), die sich auf den Bereich erneuerbare Energien spezialisiert hat. Ecofys führt Projekte selbst durch, berät und forscht. Seit 1999 erstellt es zweimal jährlich im Auftrag von Novem einen Bericht zum Stand der erneuerbaren Energien in den Niederlanden (Interview Joosen, siehe als Beispiel für einen Bericht Joosen/Jager 2001).
Mit insgesamt 5.000 Mitarbeitern eine noch größere, für das Untersuchungsfeld aber nicht bedeutendere Einrichtung als das ECN ist TNO (Nederlandse Organisatie voor Toegepast-Natuurwetenschappelijk Onderzoek), die Niederländische Organisation für Angewandte Forschung. TNO besteht bereits seit 1932, die gesetzlichen Grundlagen dafür hatte das holländische Parlament 1930 mit dem „TNO Act“ gelegt. Ein aktualisiertes TNO-Gesetz wurde 1986 vom Parlament verabschiedet. Der Hauptsitz von TNO ist in Den Haag, darüber hinaus bestehen diverse Außenbüros im Inland und vier im Ausland (Japan, Tschechische Republik, USA, Ukraine).
TNO wird von der Regierung für die Entwicklung und Anwendung von neuen, perspektivisch nutzbaren Technologien finanziert. Für die Koordination der von TNO ausgeführten Programme ist das Ministerium für Bildung, Kultur und Wissenschaft zuständig. In seiner Selbstdarstellung betont TNO aber, eine unabhängige Organisation zu sein, die ebenfalls Aufträge für lokale und regionale Regierungen sowie für supranationale Organisationen wie die Europäische Kommission ausführt. Der Unterschied zu einer universitären Einrichtung bestehe darin, dass es nicht um Grundlagenforschung gehe, sondern diese vielmehr in praktische Anwendungen auf kommerzieller Basis überführt werden soll. Im Februar 1998 hatte TNO einen Strategieplan für die Periode 1999-2002 vorgelegt. Danach will sich die Einrichtung in ihren Forschungs- und Entwicklungsaktivitäten auf 14 Kerngebiete konzentrieren - einer davon wird mit „Sustainable processes, use of energy and materials“ umschrieben. Analog zur Schwerpunktbildung ist TNO in 14 Institute unterteilt. Eines davon ist das für Umwelt, Energie und Prozessinnovationen zuständige TNO-MEP, das 350 Mitarbeiter hat. Etwa 50 davon haben in ihrem Arbeitszusammenhang mit erneuerbaren Energien zu tun und sind beispielsweise mit Entwicklung und Anwendung biologischer Kraftstoffe und der Integration solarer Anwendungen in Gebäuden beschäftigt (Website TNO, Interview Bothe, Interview Zijlstra).

4.3. Netzwerke und Interaktionen im Politikfeld erneuerbare Energien in den Niederlanden

Durch ihr gemeinsames Wirken wollen Akteure ihre öffentliche Perzeption steigern, eine stärkere Beteiligung am politischen Prozess erreichen und mehr Einfluss nehmen können. Nachfolgend wird zwischen zwei Formen von Netzwerken im Sinne regelmäßiger und dauerhafter Beziehungen unterschieden: jenen, die sich innerhalb einzelner Akteursgruppen gebildet haben; und jenen, die zwischen verschiedenen Akteursgruppen bestehen.

4.3.1. Interaktionen innerhalb einzelner Akteursgruppen

Die Vernetzung innerhalb der einzelnen Akteursgruppen kann als sehr gut bezeichnet werden. Trotz der partiellen Konkurrenz wie bei Umweltorganisationen um Spendengelder oder Unternehmen um Kunden wird allgemein erkannt, dass gemeinsam mehr erreicht werden kann. Gerade bei den Ökoverbänden kann von einem partnerschaftlichen Interaktionsmuster gesprochen werden. Zwischen den drei großen Umweltverbänden Greenpeace, Stichting Natuur En Milieu und dem WWF besteht eine Plattform. Sechs bis sieben Mal im Jahr kommen Vertreter dieser drei Organisationen zusammen und stimmen sich ab. Bei Bedarf, das heißt wenn die auf der Tagesordnung stehenden Themen dies nahe legen, werden auch andere Umweltorganisationen hinzugezogen (Interview van den Wittenboer).
In der Gruppe der Branchenverbände existiert seit 1999 eine so genannte Windkoepel, die PAWEX, FME-CWM Groep Windenergie und NEWIN vereint. Zwischen diesen drei Organisationen besteht keinerlei Konkurrenz, da sie, wie weiter oben bereits ausgeführt wurde, unterschiedliche Akteure der Windszene repräsentieren. Die Windkoepel verfügt wie die Plattform der Umweltverbände nicht über ein eigenes Büro, hat weder eigene Mitarbeiter noch gewählte Vertreter wie einen Sprecher oder Vorsitzenden. Die Arbeitsweise wird als unstrukturiert beschrieben. Wenn politische Entscheidungen anstehen, die die Branche betreffen, werden zum Beispiel Briefe geschrieben oder Entscheidungsträger direkt angesprochen (Interview van der Giessen).
Zu einer relativ einflussreichen Organisation, so die Hoffnung ihrer Initiatoren, könnte eine um den Jahreswechsel 2001/2002 in Gründung befindliche Dachorganisationen aller Branchenverbände im Bereich erneuerbare Energien werden: die Duurzame Energie Koepel. Neben den drei Windorganisationen zählen Holland Solar und die Platform Bio-Energie zu ihren Gründungsmitgliedern. Für die Duurzame Energie Koepel wird ein offizieller Organisationsstatus angestrebt. Sie soll auch ein Büro erhalten, das möglicherweise bei Holland Solar angesiedelt wird. Die fünf Branchenorganisationen, von denen die Initiative ausging, hoffen, dass sich auch große Firmen wie Shell Solar anschließen, um so ihre Schlagkraft ebenso wie

ihre materiellen Kapazitäten weiter erhöhen zu können (Interview Jansen-Lammerts).
Ein breiter Zusammenschluss von Unternehmen aus der Energiebranche ist EnergieNed. Diese Organisation ist 1992 aus der Fusion von drei Dachverbänden hervorgegangen: der Organisation der Stromverteiler (VEEN), dem Zusammenschluss der Gasverteiler (VEGIN) und der im Vergleich zu VEEN und VEGIN eher kleinen Organisation der Wärmelieferanten (VESTIN). Seit 1999 nimmt EnergieNed die Rolle als Dachverband für die meisten der in den Niederlanden aktiven Energieunternehmen wahr. Somit gehören der Organisation fast alle Firmen an, die mit Produktion, Transport, Handel oder Versorgung mit Gas, Strom und Wärme in den Niederlanden befasst sind. Sämtliche Mitglieder von EnergieNed mitsamt der Anzahl ihrer Beschäftigten können Tabelle 11 entnommen werden[26].
In der Zentrale von EnergieNed arbeitet ein Referent, der ausschließlich für das Thema erneuerbare Energien zuständig ist. Darüber hinaus besteht eine Arbeitsgruppe „green electricity“, der Vertreter von zehn verschiedenen Unternehmen angehören und die sechsmal jährlich zusammenkommt. Neben einem allgemeinen Austausch hat es sich die Arbeitsgruppe insbesondere auf die Fahnen geschrieben, das Zertifikatssystem im Bereich erneuerbarer Energien zu begleiten. Den Einfluss von EnergieNed sieht mein Gesprächspartner im Unternehmen als „überdurchschnittlich“ an. Der Direktor von EnergieNed hat ein monatliches Treffen mit der Wirtschaftsministerin. Über diesen Weg können dann von der Arbeitsgruppe zum grünen Strom gegebenenfalls auch Wünsche an die Politik herangetragen werden (Interview Lemmens).

4.3.2. Netzwerke zwischen verschiedenen Akteursgruppen

Auch wenn staatliche Regulierung zugenommen hat und Vereinbarungen zwischen Regierung und Wirtschaft nicht immer freiwillig, sondern vielfach nur im Schatten der Hierarchie zustande gekommen sind, so ist das in der Literatur vielfach konstatierte, für die Niederlande typische kooperative Interaktionsmuster, das Reformen durch Verhandlungen herbeiführt, weiter vorherrschend und kann auch im Untersuchungsfeld bescheinigt werden. Gerade im Zusammenhang mit der Reform des niederländischen Wohlfahrtsstaates wird die Einschätzung vorgenommen, dass Konsens und Kooperation eine Erfolgsbedingung gewesen sind (Kleinfeld 1997, Visser/Hemerijk 1998). Allerdings kann sicher nicht pauschal von einem gemeinsamen Poldermodell gesprochen werden, vielmehr unterscheiden sich institutionelle Ordnung und Prozesslogik in den einzelnen Politikbereichen zum Teil erheblich. Van

---

26 Es fehlen in der Auflistung der Mitglieder von EnergieNed lediglich jene ausländische Unternehmen, die in Holland zwar aktiv sind, dort selbst aber keine Niederlassungen und Mitarbeiter haben. Dabei handelt es sich im einzelnen um Statoil und Wamob (EnergieNed 2001: 24ff.).

Waarden spricht im Zusammenhang mit den Niederlanden von einem Meso-Korporatismus (Van Waarden 1992: 139). Meso (die Mitte) stammt aus dem Griechischen und meint die Zone zwischen Makro- und Mikro-Ebene. Unter Meso-Korporatismus wird danach ein neokorporatistischer Politikverbund auf Branchenebene verstanden, der legitimiert, stabil und institutionalisiert ist.

Der Befund eines Meso-Korporatismus kann bei der Untersuchung der Interaktionen zwischen staatlichen und ökonomischen Akteuren im Bereich erneuerbarer Energien nur bestätigt werden. Ein konsensualer Aushandlungsprozess wurde hier vor allem mit der Plattform zur beschleunigten Liberalisierung des Energiemarktes (Platform Versnelling Energieliberalisering, PVE) institutionalisiert. Die PVE erfasse ich als das wichtigste Netzwerk im Untersuchungsfeld. Wesentliche Weichenstellungen haben hier ihren Anfang genommen. Die instrumentelle Präferenz einer nachfrageorientierten Politik zur Förderung erneuerbarer Energien in den Niederlanden, die weiter unten noch ausführlich beschrieben wird, entspricht den Interessen der in der PVE zusammengeschlossenen ökonomischen Akteure und ist von ihnen mit Nachdruck protegiert worden.

Die PVE wurde im Juni 2000 gegründet. Ihre Mitglieder sind Unternehmen der Energiewirtschaft, Energie-Großverbraucher in Form von Unternehmensverbänden und die Regierung, vertreten durch das Wirtschaftsministerium. Wirtschaftsministerium und Energieunternehmen finanzieren die PVE, die Endnutzerorganisationen leisten keinen materiellen Beitrag. Zwar hat die PVE ein geringes Budget und nur drei hauptamtliche Mitarbeiter (davon eine mit einer halben Stelle), doch bindet sie in Arbeitsgruppen, darunter einer zur grünen Elektrizität, insgesamt rund 200 Vertreter aus ihren Mitgliedsverbänden ein. Das Selbstverständnis der PVE besteht darin, eine effiziente und schnelle Marktliberalisierung zu organisieren. Spezielle umweltpolitische Zielsetzungen existieren nicht. Mein Gesprächspartner bei der PVE beschreibt den Einfluss der Organisation als „ziemlich groß". Zwar verfüge es über keine formale Macht, doch es bestehe ein Gentlemen Agreement, nach dem ein Einverständnis in der PVE möglichst politischen Initiativen vorausgehen soll. Das gelte vor allem für die politische Feinsteuerung, hier gebe es keine große Sympathie für hierarchische Lösungen. Größere Veränderungen der Rahmenbedingungen wie die Markt-Liberalisierung seien jedoch von politischer Seite aus eingeleitet worden. Details würden hingegen fast vollständig der Plattform überlassen werden. Das, wie weiter unten noch beschrieben wird, der Markt für Ökostrom vor dem für konventionelle Elektrizität geöffnet wurde, um grüner Energie einen Vorsprung zu geben, war noch das Ergebnis von Diskussionen politischer Akteure. Die Entscheidung für ein bestimmtes Fördersystem ist dann aber schon maßgeblich von der PVE beeinflusst worden. Während speziell das Umweltministerium Modelle wie das deutsche Festpreissystem bevorzugte und das Wirtschaftsministerium ebenfalls angebotsorientierte Systeme, die aber wie in Großbritannien stärker auf die Menge als auf den Preis ausgerichtet waren, im

Auge hatte, konnte die Plattform ihre Vorstellungen von der Einführung grüner Zertifikate durchsetzen und deren konkrete Ausgestaltung in ihrer Arbeitsgruppe zur grünen Elektrizität maßgeblich mitbestimmen. Diesen schreibt sie den Vorteil zu, die Unternehmen im durch den liberalisierten Strommarkt entfachten Wettbewerb von zusätzlichen Kosten zu verschonen und die Verantwortung in die Hände der Verbraucher zu legen. Auch werde damit ein System geschaffen, das die Perspektive einer internationalen Anwendung habe (Interview Zijlstra).
Das bekannteste Organ des niederländischen Korporatismus ist der Sozialwirtschaftliche Rat (SER). Der SER ist das wichtigste Beratungsorgan der Regierung im Bereich der Wirtschafts- und Sozialpolitik. Seine Stellung ist im Wirtschaftsorganisationsgesetz verankert. Der SER kann auf Verlangen der Regierung oder ungefragt zu allen wichtigen sozial-ökonomischen Angelegenheiten eine Empfehlung abgeben. Für den SER gilt das Prinzip der Drittelparität. Von den 33 Ratsmitgliedern werden jeweils elf Vertreter von den Arbeitgeberverbänden und den Gewerkschaften entsandt. Elf Vertreter sind unabhängige Sachverständige. Es handelt sich dabei zumeist um Universitäts-Professoren. Sie werden von der Regierung beauftragt. Dabei wird auf eine ausgewogene Vertretung der verschiedenen Fachbereiche und politischen Strömungen geachtet. Der SER ist jedoch keine staatliche, sondern eine unabhängige Institution. Dies gilt auch in finanzieller Hinsicht. Der SER benötigt für seine Aufgaben rund 14 Millionen Euro im Jahr. Diese Finanzmittel, die vor allem zur Bezahlung des Generalsekretärs und der 160 Mitarbeiter dienen, werden über die Abgaben bereitgestellt, die alle in den Handelskammern eingetragenen Unternehmen zu entrichten haben. Der gesamte Rat tritt einmal im Monat zusammen. Der wichtigste Teil der Sitzungen ist die Besprechung und Festlegung von Empfehlungen für die Regierung (an die diese nicht gebunden ist, sie jedoch in der Regel übernimmt). Wenn in gewissen Punkten keine Einstimmigkeit zu erzielen ist, werden in der Empfehlung die verschiedenen Standpunkte dargestellt. Bevor jedoch eine Empfehlung vorgelegt wird, hat sich zuvor ein Ausschuss oder eine Arbeitsgruppe damit auseinandergesetzt (vgl. Website SER, Website FNV).
Zwei Arbeitsgruppen des SER befassen sich auch mit umweltpolitischen Fragestellungen: zum einen die für Raumplanung und Verkehr, zum anderen die für nachhaltige Entwicklung. Die Komitees sind grundsätzlich wie der Rat zusammengesetzt. Diese beiden Arbeitsgruppen weichen jedoch insofern von dieser Regel ab, als hier auch Vertreter der Umweltbewegung offiziell Mitglieder sind. Die Arbeitsgruppen haben keinen regelmäßigen Turnus, sondern kommen nach Bedarf zusammen. Im Sekretariat des SER gibt es jeweils mindestens einen Referenten, der die einzelnen Komitees hauptamtlich koordiniert.
Die Arbeitsgruppe für nachhaltige Entwicklung hat bereits mehrfach Ratschläge zur Energiepolitik gegeben, so 1999 zur Umsetzung des Kyoto-Protokolls. Der Einfluss der beiden Arbeitsgruppen werde oft unterschätzt, sagte ein Ausschussmitglied im Gespräch. Beispielsweise sei hier der Energiesteuer der

Weg geebnet worden. Grundsätzlich werden in den Arbeitsgruppen des SER weniger, wie in der Platform Versnelling Energieliberalisering, Fragen der politischen Feinsteuerung besprochen, als vielmehr generelle Linien abgesteckt. Insofern kommt ihnen eine tragende Rolle beim Agenda setting zu. Hier kann das Klima für Maßnahmen mit einer bestimmten Stoßrichtung geschaffen werden. Deren Ausführung obliegt dann im Sinne des Meso-Korporatismus einem Branchenverbund wie der PVE (Interview Leemreize).

Ein drittes Netzwerk im Bereich erneuerbarer Energien ist die Energiepolitik-Plattform (Bezinningsgroep Energiebeleid). Sie ist zwar weniger einflussreich als die mit staatlicher Legitimität versehenen PVE und SER-Arbeitsgruppen. Zugleich stellt sie aber das breiteste Netzwerk im Untersuchungsfeld dar. Der Bezinningsgroep Energiebeleid gehören Akteure aus der Industrie, von Forschungsinstituten, Umweltverbänden, Parteien und Ministerien an. Alles in allem hat sie ungefähr 80 Mitglieder, von denen in der Regel rund 20 an den nahezu monatlichen Treffen (elf im Jahr) teilnehmen. Bei den Treffen gibt es jeweils ein Schwerpunktthema, in das von einem Referenten eingeführt wird.

Die Gruppe wurde bereits 1974 aus der Taufe gehoben und entstand im Umfeld der Proteste gegen die Atomenergie. Wegen der Beteiligung von Repräsentanten aus der Industrie war die Kernenergie in diesem Kreis gleichwohl nicht unumstritten. Als aber die Aktivitäten der Anti-Atom-Bewegung nachließen, schlief zwischenzeitlich auch die Arbeit der Energiepolitik-Plattform ein. Anfang der 1990er Jahre wurde die Bezinningsgroep Energiebeleid wiedergegründet. Initiator war dabei der Umweltverband WWF, der auch heute noch die Arbeit finanziert und koordiniert. Der die Gruppe leitende WWF-Referent sieht die Rolle der Plattform als einen Debattierclub mit schwachem einheitlichen Belief System an. Die Ablehnung der Atomkraft, die Anerkennung des Phänomens des Treibhauseffekts und der Wunsch eines höheren Anteils erneuerbarer Energien eint die Mitglieder des Netzwerks. In ihrer Präferenz für bestimmte Umsetzungswege bestehen aber zum Teil erhebliche Unterschiede. Die Linien verlaufen hier so quer, wie sie - wie im folgenden Abschnitt noch beschrieben wird - insgesamt durch die Gesellschaft verlaufen. Am besten kann die Bezinningsgroep Energiebeleid vielleicht als ein Informationszirkel beschrieben werden, der dem wechselseitigen Austausch dient und die Basis für darüber hinaus gehende informelle Interaktionen zwischen Teilen der Gruppe legt (Interview Schön, Energy Policy Platform 2000).

4.4. Belief Systeme der Akteure

Nachfolgend wende ich den Advocacy-Koalitionsansatz von Sabatier an. An dieser Stelle soll aber nicht der Anspruch erhoben werden, diesen theoretischen Ansatz zu testen (zu Erfahrungen damit vergleiche Eberg 1997, van Est 1999, Stadthaus 2001), sondern es sollen einzelne Elemente verwendet werden. Es wird unterstellt, dass dies eine gehaltvolle Methode ist, um nach Darstellung der identifizierten Akteure im Bereich erneuerbare Energien in den Niederlanden diese „in schmalere und zweckmäßigere Kategorien“ (Sabatier 1993: 127) zusammen zu fassen. Dazu wird untersucht, ob die Akteure ein spezifisches Belief System teilen. Indem ermittelt wird, welches die dominante Koalition ist, kann die Auswahl des vorherrschenden Regulierungsmusters, das im folgenden Kapitel noch ausführlicher beschrieben wird, erklärt werden.

Allen präsentierten Akteuren kann bescheinigt werden, eine grundsätzlich positive Einstellung gegenüber erneuerbaren Energien einzunehmen. Es besteht Einvernehmen darüber, den Anteil dieser dauerhaft verfügbaren Ressourcen zu steigern. Dass unterschiedliche Positionen zur zukünftigen Bedeutung anderer Energieträger wie zum Beispiel der Kernenergie bestehen, soll an dieser Stelle nicht thematisiert werden. Statt dessen beschränkt sich nachfolgende Einteilung auf das Untersuchungsfeld. Grob gesagt kann dabei zwischen zwei Koalitionen unterschieden werden: einer ökonomischen und einer ökologischen (deep core belief). Die ökonomische Koalition stellt bei der Förderung erneuerbarer Energien deren Wirtschaftlichkeit in den Vordergrund. Größere materielle Belastungen für den Staatshaushalt sollen vermieden und die volkswirtschaftlich günstigsten Optionen ausgewählt werden. Kunden und vor allem Unternehmen sollen von Mehrbelastungen durch die Förderung der neuen Energien verschont werden. Die ökologische Koalition hingegen drückt aufs Tempo: sie verweist auf die umweltpolitische Notwendigkeit wie zum Beispiel den Schutz des Klimas, der einen zügigen Transformationsprozess notwendig mache. Dabei müssten auch kurzfristig höhere Kosten in Kauf genommen werden. Dies sei eine ausgleichende Ungerechtigkeit, weil auch die fossil-atomaren Energien über Jahrzehnte mit Milliardensummen unterstützt worden seien. Zudem könne eine größere Anschubfinanzierung zu einer schnelleren Wirtschaftlichkeit beitragen und externe Kosten vermeiden.

Um ihre grundlegenden Annahmen im Hauptkern am besten verwirklichen zu können, verfolgen die beiden Akteursgruppen im Policy-Kern zwei unterschiedliche Strategien: die ökonomische Koalition möchte ihre REG-Anstrengungen auf die Förderung von Biomasse und der Windenergie konzentrieren. Dies wird damit begründet, dass diese beiden Energien in der Gruppe der erneuerbaren über Effizienzvorteile verfügen, sowohl in Bezug auf ihre technische Entwicklung wie auch auf die Kostenseite. Mit Windenergie und Biomasse könne am meisten regenerative Energie zu den geringsten Kosten gewonnen werden. Bei der Photovoltaik hingegen soll abgewartet werden, bis deren technische Entwicklung weiter fortgeschritten ist und die Gewinnung von

Solarstrom billiger wird. Über weitere erneuerbare Energien wird angesichts von deren geringen Potenzialen in den Niederlanden nicht weiter nachgedacht.
Demgegenüber möchte die ökologische Koalition erneuerbare Energien in ihrer ganzen Breite fördern. Sie möchte ebenfalls die Chancen der Biomasse und Windenergie nutzen. Auch von der ökologischen Koalition wird erkannt, dass auf diesem Weg kurzfristig am meisten erreicht werden kann. Ganz entschieden wird jedoch dafür plädiert, die Photovoltaik nicht zu vernachlässigen. Verwiesen wird auf langfristige Szenarien, nach denen Solarstrom einen wichtigen Beitrag leisten kann. Dies sei aber nur möglich, wenn durch staatliche Förderung dafür bereits jetzt die entsprechenden Grundlagen geschaffen würden. Die Entwicklung dieser Technologie faktisch anderen Ländern wie Deutschland oder Japan zu überlassen, wird kritisiert. Dadurch würden auch die ökonomischen Vorteile, die sich ergeben könnten (Ansiedlung einer Industrie, Schaffung von Arbeitsplätzen) aufs Spiel gesetzt. So wird versucht, in die argumentative Phalanx des Gegners einzubrechen.
Auf der Ebene der sekundären Aspekte handelt es sich bei den beiden Koalitionen um keine homogenen Einheiten. Vielmehr gibt es in beiden Koalitionen jeweils zwei verschiedene Präferenzen. In der ökonomischen Koalition wird von einem Teil der Akteure das Effizienzstreben noch insofern gesteigert, als dass sie sich dafür aussprechen, erneuerbare Energien gegebenenfalls auch zu importieren, wenn dies kostengünstiger ist als einheimische Kapazitäten zu schaffen. Bestätigt fühlen sich diese Akteure durch das internationale Klimaschutzprotokoll, dass solche flexiblen Mechanismen ausdrücklich billigt. Argumentiert wird, dass es nicht wichtig ist, wo erneuerbaren Energien ausgebaut werden, sondern dass es in erster Linie darauf ankomme, dass sie überhaupt ausgebaut werden. Importierter Ökostrom soll auf die nationalen Zielsetzungen in Bezug auf erneuerbare Energien angerechnet werden. Andere Akteure in der ökonomischen Koalition sprechen sich dafür aus, dass die nationalen Ziele zum Ausbau erneuerbarer Energien auch zu 100 Prozent in Holland erfüllt werden müssten. Dies sei aus Gründen der Glaubwürdigkeit notwendig, und um das Image der Niederlande als Vorreiter in der internationalen Umweltpolitik zu bewahren. Auf instrumenteller Ebene verfolgen die Akteure der ökonomischen Koalition einen nachfrageorientierten Ansatz. Angebotsorientierte Ansätze seien hingegen eine Beeinträchtigung der Wettbewerbsfähigkeit der betroffenen Unternehmen. Da das Umweltbewusstsein in Holland ebenso wie die Bereitschaft der Konsumenten, sich auch materiell zu engagieren, hoch seien, wird ein nachfrageorientierter Ansatz als viel versprechende Strategie betrachtet.
In der ökologischen Koalition ist die Meinung, 100 Prozent der nationalen Zielsetzungen in Holland zu realisieren, ebenfalls fest verankert. Ein Teil der Akteure, der sich den Interessen des Naturschutzes verpflichtet fühlt, rückt die möglichen Folgen eines achtlosen Ausbaus erneuerbarer Energien in den Vordergrund. Im Zusammenhang mit der Windenergie werden Argumente genannt, die im Umfeld neuer Standorte hinreichend bekannt sind, wie zum

Beispiel Lärmbelastungen, Beeinträchtigung des Landschaftsbildes, Vogelsterben, etc.. In Holland wird von vielen Menschen zudem ein freier Blick auf den Horizont als eine Art Grundrecht betrachtet und in Interviews vielfach die „horizon pollution", die von Windkraftanlage ausgehe, kritisiert. Bei der Biomasse wird darauf geachtet, dass Anwendungen im größeren Maßstab wie eine Biogasanlage in Apeldorn nicht die Massentierhaltung legitimieren. Demgegenüber steht eine Gruppe von Akteuren in der ökologischen Koalition, die kritisiert, dass nicht immer nur die Risiken, sondern vor allem die Chancen gesehen werden müssten. Zielkonflikte sollten zugunsten des Ausbaus erneuerbarer Energien gelöst werden, weil nur so eine realistische Perspektive bestehe, das fossil-atomare Energiesystem sukzessive abzulösen. Auf instrumenteller Ebene halten die Akteure der ökologischen Koalition auch die Notwendigkeit einer stärkeren Regulierung des Sektors für möglich, wenn Ziele anders nicht erreicht werden können. Angebotsorientierten Fördermodellen wie etwa Einspeisevergütungen stehen sie aufgeschlossen gegenüber.
Die Antwort auf die Frage, welche Koalition dominierend ist, fällt leicht: es ist die ökonomische Koalition. In dieser Koalition gibt es noch einmal eine Mehrheitsgruppe, die sich für eine weitere Steigerung ökonomischer Effizienz ausspricht und auch Importe zur Zielerreichung für richtig hält. Dazu zählen insbesondere das Wirtschaftsministerium und die regierende liberale Volkspartei für Freiheit und Demokratie (VVD) sowie zwei der drei großen Elektrizitätsunternehmen, Nuon und Eneco. 100 Prozent der nationalen Ausbauziele in Holland möchte aus den Reihen der ökonomischen Koalition nur das dritte große Elektrizitätsunternehmen, Essent, realisieren. In der ökologischen Koalition verläuft die Trennlinie zum Teil quer durch einzelne Organisationen: während die Umweltverbände und die grüne Partei die einschlägigen Branchenverbände unterstützen und auf nationaler Ebene klar dem Ausbau erneuerbarer Energien Vorrang geben, streiten ihre lokale Gruppen zum Teil für Naturschutzinteressen und gegen den vorbehaltlosen Ausbau etwa von Windenergieanlagen. Die Positionen von einigen Akteuren wie den Gewerkschaften und dem Energieforschungszentrum ECN können nicht ganz eindeutig bestimmt werden, tendenziell zählen sie aber eher zur ökologischen Koalition. Die Finanzwirtschaft nimmt eine neutrale Rolle ein und pflegt sich am dominierenden Belief System zu orientieren.

Abbildung 2: Belief Systeme in der holländischen Erneuerbare-Energien-Politik

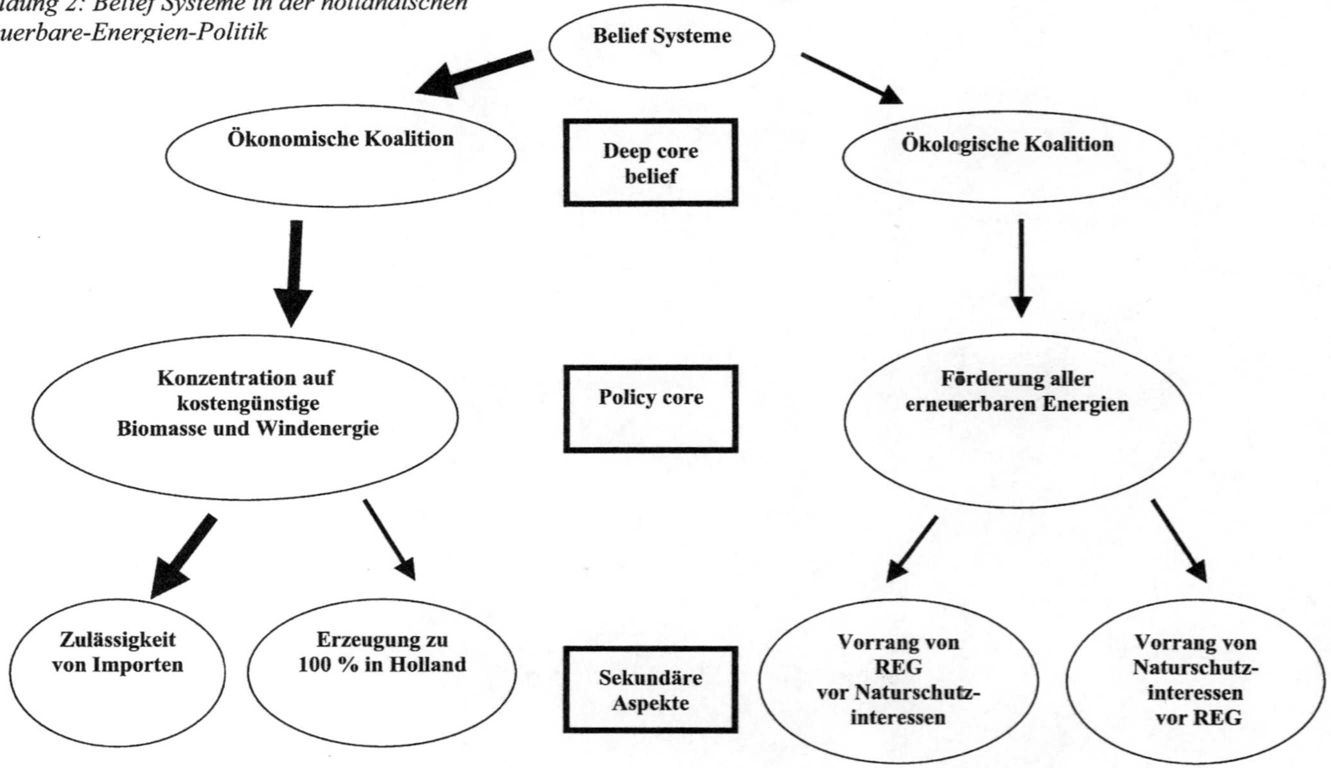

Die fetten Pfeile zeigen die dominierende Koalition an

5. Regulierungsmuster

5.1. Von fragmentarischer zu zielorientierter Politik

Die Niederlande werden in der Literatur gerne als Musterland für eine strategische Umweltpolitikplanung bezeichnet (vgl. unter anderem Rüling/ Volkery 1999). Diesen Ruf verdanken sie ihren Umweltplänen, bei denen sie weltweit als ein Pionier gelten. Im Energiebereich kommt diese Langfrist-Orientierung in den so genannten Energienota's zum Ausdruck. Bislang wurden drei solcher Strategie-Papiere zur Energiepolitik verfasst. Die Ersten sind im Umfeld der beiden großen Welterdölkrisen geschrieben worden. Sie wurden 1974 und 1979 veröffentlicht und standen ganz im Zeichen der nationalen Versorgungssicherheit. Das dritte Dokument von 1996 ist das Erste gewesen, das nicht situativ entstand, sondern einen längeren Vorlauf hatte. Das Ziel des dritten Weißen Papiers wird wie folgt umschrieben: es soll nach Anreizen für eine nachhaltigere Energiewirtschaft, zugleich aber auch für einen zunehmenden Wettbewerb suchen. Ausdrücklich wird die Notwendigkeit betont, der niederländischen Energiepolitik einen langfristigen Rahmen zu geben. Im Weißen Papier werden daher zwei Ziele formuliert, die für die niederländische Energiepolitik in den kommenden Jahren zu zentralen Bezugspunkten werden sollten: Zum einen soll die Energieeffizienz, bei der die Niederlande ohnehin schon eine im internationalen Vergleich führende Position einnehmen, in den nächsten 25 Jahren noch einmal um ein Drittel verbessert werden. Zum anderen soll der Anteil erneuerbarer Energien am Primärenergieverbrauch auf zehn Prozent bis zum Jahr 2020 steigen. Wie diese Ziele erreicht werden können, wird im Weißen Papier durch die Beschreibung und Analyse von Instrumenten, Technologien und Zielgruppen diskutiert (Minez 1996: 5, 13). In einem späteren Regierungsbeschluss wird für das Jahr 2010 das Zwischenziel von fünf Prozent Anteil erneuerbarer Energien am Primärenergieverbrauch formuliert (Ministry of Economics 1999: 34). Durch die EU-Richtlinie zur Stromerzeugung aus erneuerbaren Energien existiert seit Oktober 2001 noch eine weitere Zielvorgabe für die Niederlande: Danach hat der Anteil von grünem Strom im holländischen Elektrizitätsmarkt im Jahr 2010 neun Prozent zu betragen. Damit schreibt die EU den Niederlanden in etwa eine Verdreifachung innerhalb eines Jahrzehnts vor (European Communities 2001: Appendix 1).

Gegenwärtig (Stand Anfang 2002) findet in den Niederlanden der Aushandlungsprozess zum vierten nationalen Umweltplan statt (NEPP 4). Der erste Umweltplan (NEPP 1) von 1989 gilt als weltweit erster nationaler Umweltplan. Allerdings kann hier nicht von etwas völlig Neuem gesprochen werden, weil es bereits in den 1970er und 1980er Jahren sektorale Pläne etwa für die Bereiche Luft, Wasser und Boden gegeben hatte. Nach den Wahlen 1989, die einen Regierungswechsel herbeiführten, verabschiedete die neue Regierung im Juni 1990 eine verschärfte Fassung des NEPP mit dem Titel

„National Environmental Policy Plan Plus“ (NEPP Plus), der für die Periode 1990-1994 Gültigkeit haben sollte. NEPP 2 wurde für den Zeitraum 1995 bis 1998, NEPP 3 für die Jahre 1999-2002 vorgelegt. Die Implementierung der Umweltpläne wird durch jährliche Umweltprogramme, zweijährige Umweltzustandsberichte des National Institute for Public Health and Environment Protection (RIVM) und dem nächsten Umweltplan nach Ablauf der Vierjahres-Periode überprüft. In diesen Prozess sind fast alle Fachministerien involviert. Weitere Charakteristika der niederländischen Umweltplanung sind ihre langfristige und strategische Ausrichtung, klare Ziel- und Zeitvorgaben, die Einbeziehung wichtiger Verursachergruppen (target group policy) und ihr umfassender Charakter. Dabei geht es nicht um eine exakte Blaupause, vielmehr soll ein genereller Rahmen und eine Plattform für einen gesellschaftlichen Dialog geschaffen werden, der in der Regel in Abkommen, so genannten covenants, mündet. Diese werden zwischen Ver-ursachern und zuständigen Behörden geschlossen und sollen Anreize zur Selbstregulierung geben, statt hierarchisch zu intervenieren. Für die Energiewirtschaft, die im Bereich der Erzeugung als leichter erreichbare Zielgruppe identifiziert wurde (im Gegensatz zu schwerer erreichbaren Zielgruppen wie Konsumenten, Individualverkehr, Einzelhandel, kleinen und mittleren Unternehmen in der Industrie), hatte dies den Aushandlungsprozess zu ihrem Umweltaktionsprogramm (MAP) zur Folge, das im übernächsten Abschnitt zur angebotsorientierten Instrumentierung ausführlicher beschrieben wird (Rüling/Volkery 1999).

5.2. Von der Angebots- zur Nachfrageorientierung

Im Jahr 2001 haben die Niederlande in ihrer Politik zur Förderung erneuerbarer Energien endgültig einen Schwenk vollzogen. Die bis dahin vorherrschende Angebots- wich einer Nachfrageorientierung. Zentrale Eckpfeiler von diesem neuen Regulierungsmuster sind zum einen so genannte Grüne Zertifikate. Sie sind die Voraussetzung dafür, dass grüner Strom von der Ökosteuer befreit wird. Grüne Zertifikate sollen für Verbraucher Transparenz schaffen und Sicherheit über die Herkunft des Stroms geben. Die Ökosteuerbefreiung wiederum soll den Konsum von grünem Strom stimulieren. Diese Strategie kann auf erste Erfolge verweisen. Im Mai 2002 hatten bereits 900.000 Kunden – dies entspricht 13 Prozent aller Haushalte - ein Ökostromangebot ausgewählt und insgesamt 3,121 Millionen kWh grüne Elektrizität bezogen (zum jeweils aktuellen Stand siehe die Ecofys-Website). Die drei großen Unternehmen Essen, Nuon, Eneco hatten dabei die meisten Kunden gewonnen, aber auch die 15 übrigen Anbieter, von denen sich einige wie zum Beispiel Echte Energie und Energieconcurrent auf das Ökostromgeschäft spezialisiert haben, konnten mehrere Tausend Kunden von sich überzeugen. Beim Ökostrom haben staatliche Stellen eine Vorbildfunktion übernommen: unter anderem beziehen drei Ministerien (Wirtschafts-, Umwelt- und Außenministerium) zu 100 Prozent grünen Strom. Das Verteidigungsministerium bezieht zwar nur 20 Prozent seines Strom aus erneuerbaren Energien, ist damit aber der mit weitem Abstand größte Ökostromkonsument in Holland, gefolgt von der holländischen Eisenbahngesellschaft Nederlandse Spoorwegen, ABN AMRO Bank und Rabobank[27]. Auch unterstützt das Wirtschaftsministerium, wie bei der Vorstellung des Akteurs WWF bereits beschrieben, Kampagnen zum Wechsel zu einem grünen Stromangebot (vgl. Arentsen/Dinica 2001: 27). Nachfolgend wird zunächst dargestellt, wie das nunmehr überholte angebotsorientierte Fördermodell funktionierte, ehe die neuen Instrumente im Einzelnen dargestellt werden.

5.2.1. Angebotsorientierte Instrumentierung (MAP-Abgabe, Grüne Label)

Bis Mitte 2001 war die niederländische Politik zur Förderung erneuerbarer Energien vorrangig von einer Angebotsorientierung gekennzeichnet[28]. Regelungen wurden jedoch nicht wie etwa in Deutschland hierarchisch-interventionistisch, sondern in Form von freiwilligen Vereinbarungen zwischen Regierung und Energiewirtschaft getroffen. Der Terminus der freiwilligen Vereinbarungen ist allerdings insofern zu relativieren, als auch in den Niederlanden solche Abkommen im Schatten der Hierarchie entstehen. Den Ausgangspunkt für eine systematische REG-Förderpolitik bildete 1989 der erste nationale Umweltplan, der unter anderem die Notwendigkeit einer Reduktion der Kohlendioxid-Emissionen formulierte. In der Folge setzte ein Aushandlungsprozess zwischen Regierung und Energiewirtschaft zum Klimaschutz ein, dessen Ergebnis der Umweltaktionsplan von 1991 (MAP I) war. Dieser Umweltaktionsplan ist 1994 (MAP II) und 1997 (MAP III) noch zweimal fort geschrieben worden. Neben Zielen zur Energieeffizienz und zum Einsatz der Kraft-Wärme-Kopplung wurde auch eine Vorgabe für erneuerbare Energien aufgenommen: Bis zum Jahr 2000 sollte 3,2 Prozent der Elektrizität (1.700 GWh) erneuerbaren Quellen entstammen. Später wurde vereinbart, dass grüner Strom, der von Privathaushalten bezogen wird, nicht auf die Ziele der Elektrizitätsunternehmen angerechnet werden darf. So sollte privates Engagement nicht unterbunden und im Idealfall eine Übererfüllung der Vorgaben erreicht werden.
Um ihr Ziel zu erreichen, wurde es den Elektrizitätsunternehmen zugestanden, ihre zusätzlichen Ausgaben für Energieeinsparung und erneuerbare Energien durch eine so genannte MAP-Abgabe gegen zu finanzieren, die auf den

---

27 Eine Aufstellung der 25 größten Ökostromkonsumenten in den Niederlanden kann der Website von Ecofys entnommen werden. Es handelt sich dabei vorwiegend um Ministerien, Provinzen und Gemeinden, die ihren Strombedarf ganz oder teilweise durch erneuerbare Energien decken. In der Bestenliste sind aber auch einige privatwirtschaftliche Akteure wie Rabobank, ABN AMRO Bank und Siemens vertreten.

28 Gleichwohl wurde, wie im nächsten Abschnitt noch ausführlicher dargestellt wird, bereits 1996 sukzessive damit begonnen, den Pfadwechsel zu einer nachfrageorientierten Politik einzuleiten. Erst im Zeitverlauf stieg die Bedeutung dieser Maßnahmen jedoch auf ein signifikantes Maß an.

Verbrauch konventioneller Elektrizität erhoben wird. Diese MAP-Abgabe machte im Durchschnitt 1,8 Prozent der Stromrechnung aus. Das MAP-Programm stellte den Durchbruch für erneuerbare Energien in den Niederlanden dar. Sie konnten ihrem Nischendasein, das sie bis dahin fristeten, langsam entwachsen. Allerdings kam es zu gewissen Einseitigkeiten bei den Begünstigten, sowohl auf der Akteurs- wie auch auf der technologischen Seite. Von Zahlungen aus dem MAP-Fonds profitierten vor allem die Stromunternehmen selbst, die begannen, eigene regenerative Kapazitäten zu errichten. Privaten und industriellen Erzeugern wurde der Zugang zu den neuen Fördergeldern hingegen erschwert. Technologisch lag der Schwerpunkt zunächst klar auf der Kraft-Wärme-Kopplung, aber auch die Windenergie wurde gefördert. In der zweiten Hälfte der 1990er Jahre kam es auch zu einer stärkeren Förderung von Biomasse und Photovoltaik (Arentsen/Dinica 2001: 19).

Im Zuge der dritten Fortschreibung des MAP-Programms wurde im Januar 1998 das System grüner Label aus der Taufe gehoben. Mit diesem europaweit ersten Quotenmodell in Verbindung mit handelbaren Zertifikaten sollte ein nationaler Markt für grünen Strom geschaffen werden, der, so die perspektivische Hoffnung, den Grundstein für ein analoges europaweites Modell legen könnte. Dazu wurde zunächst das bereits im ersten MAP-Programm aufgestellte Ziel konkretisiert, indem es von der Makro- auf die Mikroebene herunter dekliniert und jedem der 19 regionalen Stromverteilungsunternehmen analog zum Elektrizitätsvolumen, das es 1995 im Markt hatte, ein betriebsinternes Ziel für erneuerbare Energien für Ende 2000 zugewiesen wurde. Eine Differenzierung nach einzelnen REG-Technologien fand dabei nicht statt. Ein grünes Label entsprach der Produktion von 10 MW Ökostrom. Die Definition der erneuerbaren Energiequellen, die es erhalten konnten, erfolgte dabei analog zur Befreiungsregelung im Rahmen der regulativen Energiesteuer (siehe nächster Abschnitt). Importierter grüner Strom qualifizierte sich demnach (noch) nicht für den Erhalt eines grünen Labels. Es blieb auch bei der Regelung, dass von Kunden nachgefragter Ökostrom nicht auf die Verpflichtung der Energieunternehmen angerechnet werden darf.

Grüne Label konnten landesweit gehandelt werden. Dadurch sollte den unterschiedlichen regionalen Potenzialen und Kosten Rechnung getragen werden. Wer mehr grüne Label besaß, als es ihm vorgeschrieben worden war, konnte diese verkaufen; wer weniger als nötig hatte, konnte welche zukaufen. Durch dieses auf wirtschaftliche Effizienz ausgerichtete System sollten laut EnergieNed pro Jahr Kosten von 22 Millionen Euro eingespart werden können.

Wer auch durch Zukäufe sein Ziel nicht erreichte, musste eine Sanktionszahlung leisten, die 50 Prozent über dem durchschnittlichen Preis für grüne Label (2001: 2,27 Euro Cent/KWh) lag. Die Strafzahlungen (2001: 3,4 Euro Cent/KWh, Zahlen nach Arentsen/Dinica 2001: 22) flossen in einen Fonds, der Produzenten entschädigte, die ihren Ökostrom auf dem Markt für grüne Label nicht absetzen konnten. Das System grüner Label, das unbürokratisch elektronisch vorgenommen wurde, ist von der Dachorganisation der Energiefirmen, von EnergieNed, durchgeführt worden. KEMA war für die Zertifizierung des Stroms zuständig. Mehr als die Hälfte (52 Prozent) der Label, die 1998 gehandelt wurden, beruhten auf Verträgen, die zwischen fünf und zehn Jahren Gültigkeit hatten. Nur acht Prozent der Kontrakte ging über zehn Jahre hinaus. Die übrigen Verträge liefen weniger als fünf Jahre.

Auch mit dem System Grüner Label wurde das niederländische Ziel für erneuerbare Energien nicht erreicht: im ersten Jahr der Vereinbarung wurden nur 150 GWh grüner Strom erzeugt, 1999 waren es rund 500, im Jahr 2000 etwa 1.200 GWh. Damit wurde das Ziel um 500 GWh verfehlt (Arentsen/Dinica 2001: 18ff., ECN 1999: 92ff., ECN Dezember 2000b: 122ff., Espey 2001: 221, Mez/Piening 2001: 13ff.).

5.2.2. Nachfrageorientierte Instrumentierung

5.2.2.1. Grüne Zertifikate

Grüne Zertifikate werden in den Niederlanden seit dem 1. Juli 2001 ausgestellt. Sie dienen als Beleg für die Authentizität von grünem Strom und zugleich als Eintrittsticket, um in den Genuss der Befreiung von der Ökosteuer zu kommen. Grüne Zertifikate sollen Transparenz schaffen und den Verbrauchern Sicherheit geben, welches Ökostromangebot glaubwürdig ist. Die Mitarbeiter der Behörde für Grüne Zertifikate (Groencertifikatenbeheer, GCB) betonen im Gespräch, dass solche Herkunftsnachweise gerade für kleine Unternehmen, die den Markt neu betreten haben, ein Vorteil sein können. Sie müssen nicht erst Millionen ins Marketing investieren, um ein sauberes Image zu bekommen, sondern können schlicht auf das staatliche Gütesiegel verweisen. Für die Durchführung des neuen Systems beauftragte das Wirtschaftsministerium im Mai 2001 TenneT, eine 1998 gegründete Organisation, die das nationale Hochspannungsnetz verwaltet. TenneT hob an seinem Sitz in Arnheim die Behörde für Grüne Zertifikate aus der Taufe. Sie hat drei Mitarbeiter, die vor allem für Kommunikation zuständig sind. Die Vergabe der grünen Zertifikate erfolgt rein elektronisch. Es ist somit wie das System für grüne Label ein unbürokratisches System, wie im Gespräch wiederholt betont wird. Die Zertifikate werden in Form von digitalen Coupons in folgenden Größen ausgestellt: 1, 10, 100, 1.000 Megawatt. Sie gelten für jeweils ein Jahr.

Im Einzelnen wurden grüne Zertifikate seit dem 1.7. 2001 für Sonnenstrom, Windenergie, Wasserkraft (bis 15 MW) sowie „saubere" Biomasse (ohne Plastik) vergeben. Seit dem 1.1. 2002 wurde der Empfängerkreis noch einmal modifiziert. Seither werden die Zertifikate nicht mehr nur für im Inland produzierten grünen Strom ausgestellt, sondern auch für Importe. Allerdings erhält jetzt Strom aus Wasserkraft kein Zertifikat mehr. Die niederländische Regierung fürchtete, das Land würde mit Wasserstrom etwa aus Norwegen oder der Schweiz im wahrsten Sinne des Wortes überflutet werden. Unternehmen wie

Nuon, die in neue Wasserkraftanlagen investiert haben, fühlen sich angesichts der kurzfristigen Modifizierung getäuscht. Voraussetzung für die Ausstellung von grünen Zertifikaten für Importstrom ist allerdings, dass keine Doppelsubventionierung erfolgt, das heißt der Ökostrom darf nicht schon im Heimatland in den Genuss von Förderungen wie dem deutschen Erneuerbare-Energien-Gesetz gekommen sein.
Allein in den ersten vier Monaten des Jahres 2002 stellte GCB für 470 GWh importierten Ökostrom grüne Zertifikate aus, die, wie im nächsten Abschnitt noch ausführlicher dargelegt wird, in den Genuss von sechs Eurocents Ökosteuerbefreiung und zwei Eurocents Produktionssubvention (Angaben jeweils pro kWh) kamen. Mehr als die Hälfte der in den Niederlanden verkauften grünen Elektrizität stammten in diesem Zeitraum aus ausländischer Produktion. Damit sind 29 Millionen Euro holländischer Steuergelder über die Grenzen geflossen, ohne dass mit dem Geld zusätzliche Kapazitäten im Inland errichtet worden sind. Kaum hat das System grüner Zertifikate Fuss gefaßt, da macht sich das holländische Finanzministerium daher schon wieder für seine Abschaffung und eine Überführung in ein System von direkten Investitionszuschüssen stark – was die bei Investoren im holländischen Markt ohnehin vorhandene Unsicherheit weiter erhöht (Interview Vianen/Steenaert, Interview de Lange, Website Ecofys, Website GCB, Martin 2001: 45).

5.2.2.2. Befreiung von der Ökosteuer

Im Mittelpunkt der niederländischen Politik zur Förderung erneuerbarer Energien steht die Ökosteuer (Regulating Energy Tax, REB). Indem erneuerbare Energien von ihr befreit wurden, ist ihr Wettbewerbsnachteil gegenüber fossil-atomarer Energie sukzessive abgebaut worden. Im Jahr 2001 gab es im niederländischen Strommarkt bereits Ökostromangebote (wie beispielsweise vom Unternehmen Energieconcurrent), die mit konventionellen Tarifen mithalten konnten.
Die endgültige Entscheidung zur Einführung der Ökosteuer fiel in den Niederlanden bereits im April 1995: damals fasste das Kabinett einen entsprechenden Beschluss. Vorausgegangen war seit Anfang der 1990er Jahre eine lebhafte Diskussion, in der sich das Umweltministerium und einige gesellschaftliche Gruppen wie Umweltverbände auf der einen und das Wirtschaftsministerium und die wichtigsten Industrieverbände auf der anderen Seite gegenüber standen. In diesem Diskussions- und schließlich Aushandlungsprozess nahmen Wirtschaftsministerium und Industrieverbände eine durchweg negative Position zu den Ökosteuerplänen ein. Als absehbar war, dass im Zuge der nationalen Umweltpolitikplanung und der Klimaschutzpolitik eine vollständige Blockade nicht erfolgreich sein würde, verlegten sich die ablehnenden Akteure darauf, unter Hinweis auf die Offenheit der niederländischen Ökonomie und die Wettbewerbsfähigkeit der Industrie größere Verbraucher von der neuen Steuer verschonen zu wollen. Herausgekommen ist ein Ergebnis, das in den

Niederlanden gerne auch mit dem Terminus der „Kleinverbrauchssteuer" umschrieben wird. Dies hängt damit zusammen, dass für die Steuer eine Höchstverbrauchsgrenze festgelegt wurde: wer mehr als 170.000 Kubikmeter Gas und/oder über 50.000 Kilowattstunden Strom konsumiert, muss ab diesem Verbrauchswert keine Ökosteuer mehr zahlen (bis dahin zahlt aber jeder). Zugleich wurde aus sozialen Gründen auch ein Steuerfreibetrag eingeführt: bis 800 Kubikmeter Gas und/oder 800 Kilowattstunden Strom entfällt die Ökosteuer. Nur durch die weitgehende Verschonung von Großverbrauchern, die im Gegenzug in Form von freiwilligen Vereinbarungen Effizienzzusagen machten, dürfte die Ökosteuer durchsetzbar gewesen sein (Ligteringen 1999: 263, 306ff.). In Kraft trat die Ökosteuer schließlich im Oktober 1996. Die Einführungssätze orientierten sich an den Vorschlägen der EU für eine Energie-/Kohlendioxidsteuer, die allerdings europaweit nie realisiert werden konnten (vgl. dazu Vorholz/Kurbjuweit 1995: 17ff.). Der so genannte „Nil Tariff" für Ökostrom gilt seit dem 1. Januar 1998. Im Jahr 1999 wurde begonnen, die Ausnahmeregelungen für Groß- und Kleinverbraucher zu beschränken[29]. Seither wird, wenn auch mit geringeren Sätzen als der Kleinkonsum, der Verbrauch von 50.000 bis 100.000 Kilowattstunden ebenfalls mit der Ökosteuer belangt, der darüber liegende Verbrauch bleibt aber weiter befreit. Die Steuerbefreiung für den Kleinverbrauch bis 800 Kilowattstunden gilt seit dem Jahr 2001 nicht mehr. Im Jahr 2002 ist die Ökosteuer um die Inflationsrate des Vorjahres angestiegen. Die Steuer für die ersten 10.000 Kilowattstunden stieg damit, wie Tabelle 12 zeigt, von 5,84 Euro Cents (2001) auf 6,01 Euro Cents pro kWh (2002). Was in den Jahren danach passiert, ist noch unklar. Vor dem Regierungswechsel 2002 wurde diskutiert, die Steuererhöhung um die Inflationsrate des Vorjahres zum Standard werden zu lassen (Interview van der Heul)[30].

---

[29] Als im Jahr 2000 die Ölpreise auf einem Höchststand waren, beugte sich allerdings die niederländische wie auch andere europäische Regierungen (Frankreich, Italien) dem Druck des Speditionsgewerbes und verringerte über Steuererleichterungen deren zusätzliche Belastung durch die erhöhten Kraftstoffpreise. Als die europäische Kommission diese Ermäßigungen bei der Dieselsteuer beschneiden wollte, schnürten die Mitliedsstaaten der Europäischen Union ein Paket mit folgendem Kuhhandel: Die Steuervergünstigungen für Spediteure in Italien, Frankreich und den Niederlanden werden akzeptiert, dafür geben Franreich und Italien ihren Widerstand gegen das österreichische Ökopunktesystem für den Alpentransit auf; Belgien soll Zusagen für Erleichterungen bei der Besteuerung bestimmter Versicherungen bekommen haben und die Subventionen für Steinkohle in Deutschland, Frankreich, Großbritannien und Spanien werden länger als ursprünglich einmal vereinbart, nämlich jetzt bis zum Jahr 2010, akzeptiert. Die FAZ kommentierte diese „Kungelei der Mitgliedsstaaten" mit den Worten, *„dass die Autorität der einst als Motor der Integration sowie Hüterin des Gemeinschaftsinteresses konzipierten und respektierten Kommission weiter schwindet"* (FAZ vom 11.5. 2002: 12, siehe auch FAZ vom 4.5. 2002: 13).

[30] Entscheidend für mögliche weitere Erhöhungen dürfte auch die Frage sein, wie sich das Kraftstoffpreisniveau im benachbarten Deutschland entwickelt. Im Jahr 2001 zahlte die niederländische Regierung an 633 Tankstellen im deutschen Grenzgebiet Subventionen,

Der größte Teil des Ökosteueraufkommens wird über eine Absenkung der Einkommen- und Unternehmensteuer an Bürger und Firmen zurückgegeben. Der überwiegende Anteil der erstatteten Summe, rund 80 Prozent, geht an die privaten Haushalte zurück, die allerdings auch die Hauptbelastung zu tragen haben. Mit zehn Prozent des Aufkommens werden verschiedene Maßnahmen zur Energieeinsparung und zur Förderung erneuerbarer Energien gefördert. In Bezug auf die Aufkommensverwendung sind mir im Interview mit dem Leiter der Abteilung für erneuerbare Energien im Wirtschaftsministerium im einzelnen folgende Zahlen genannt worden: im Jahr 2001 beliefen sich die Einnahmen auf etwa drei Milliarden Euro. 300 Millionen Euro wurden für die verschiedenen Fördermaßnahmen für eine effizientere und ökologischere Energieversorgung bereitgestellt. Der Rest (2,7 Milliarden Euro) wurde - von 150 Millionen Euro abgesehen, die in den allgemeinen Haushalt flossen - komplett über Steuersenkungen an Bürger und Unternehmen zurückgegeben.

Ausnahmen und Aufkommensverwendung werden im Ökosteuergesetz durch insgesamt zehn Artikel geregelt. Einer davon garantiert Produzenten von Ökostrom eine Art Einspeisevergütung. Diese lag nach Einführung der Ökosteuer bei 1,34 Euro Cents pro Kilowattstunde und ist sukzessive auf 2 Eurocents im Jahr 2001 angestiegen. Insofern geht von der Energiesteuer eine doppelte Förderung für grünen Strom aus: Zum einen durch die Befreiung von der Steuer, zum anderen durch die Subventionierung durch Teile des Aufkommens. Im Jahr 2000 flossen auf diesem Weg 23 Millionen Euro an Ökostromproduzenten. Die Betreiber von Müllverbrennungsanlagen erhalten nach einem anderen Artikel des Gesetzes die Hälfte von der Einspeisevergütung für erneuerbaren Energien (2001: 1 Eurocent) und sollen damit Maßnahmen zur Effizienzsteigerung einleiten. Dies haben die Betreiber in einer entsprechenden covenant zugesagt. Der Strom aus Müllverbrennungsanlagen wird aber nur auf der Produzentenseite bevorzugt, Konsumenten zahlen die gleichen Steuersätze wie für fossile Energie und grüne Zertifikate werden auch nicht ausgestellt.

Neben den Betreibern von Müllverbrennungsanlagen und Ökostromproduzenten erhalten auch Kraft-Wärme-Kopplungsanlagen (2001: 0,57 Eurocent) und Kohlekraftwerke, die Biomasse mit verfeuern, einen Produktionszuschuss[31] aus dem Steueraufkommen. Diese drei Begünstigten-Gruppen erhielten im Jahr 2001 zusammen rund 250 Millionen Euro aus dem Aufkommen. Der übrige Teil des Aufkommens, das nicht über Steuersenkungen direkt an Haushalte und Unternehmen zurückfließt, wird vor allem für ein so genanntes Energie-

---

um deren Einnahmeverluste durch das niedrigere Preisniveau in der Bundesrepublik auszugleichen. Die Europäische Kommissionen möchte, dass diese Kompensationszahlungen auf 300 Tankstellen beschränkt werden (NNM vom 12.4. 2002).

[31] Basis ist hier der Produktionskostenzuschuss von 2 Eurocents für reinen Ökostrom. Wird in einem Kohlekraftwerk fünf Prozent Biomasse mitverfeuert, gibt es einen Produktionskostenzuschuss von 0,10 Eurocent, bei zehn Prozent Mitverfeuerung 0,20 Eurocent, usw.

Prämien-Programm (EPR) eingesetzt. Aus diesem Topf (im Jahr 2001 rund 50 Millionen Euro) können Privatpersonen Zuschüsse für Waschmaschinen, Kühlschränke und Geschirrspüler der Energieeffizienzklasse A beantragen. Das Prämien-Programm unterstützt zugleich eine Energieeinsparberatung, die Haushalten Informationen über Effizienzpotenziale in ihren Wohnungen gibt. Wer sich einer solchen Beratung unterzieht, wird bei möglichen Einsparinvestitionen mit zusätzlichen Subventionen belohnt (Interview van der Heul, siehe darüber hinaus Ministry of Economics Affairs 2000c: 25f., Kwant/Ruijgrok 2001: 6, Interview Huisman).
Vorschläge für weitere Umweltabgaben hat die zweite niederländische Ökosteuer-Kommission im Mai 2000 vorgelegt. Dabei wurden 80 Vorschläge untersucht und ein Drittel davon für grundsätzlich positiv befunden. Bereits mit der jetzt erhobenen Ökosteuer ist der Anteil von Umweltabgaben am gesamten Steueraufkommen in den Niederlanden weiter gestiegen. Ende 2001 lag er bereits bei 14 Prozent (1997: zehn Prozent). Mit diesem Wert sind die Niederlande europaweit führend (Environment Daily 13.7. 2001). Während die niederländischen Kraftstoffpreise zu den höchsten EU-weit zählen, liegt Holland mit seinen Strompreisen im europäischen Mittelfeld[32].

Tabelle 12: Entwicklung der Regulating Energy Tax von 1998 bis 2002 (€cts/kWh).

KWh	'98	'99	'00	'01	'02
0-800	0	0	0	5,84	6,01
800-10000	1,35	2,25	3,72	5,84	6,01
10000-50000	1,35	1,47	1,61	1,94	2,00
50000-10 mln	0	0,10	0,22	0,60	0,61
>10 mln	0	0	0	0	0

32 Die monatliche Stromrechnung eines Musterhaushaltes (drei Personen mit einem durchschnittlichen Stromverbrauch von 300 Kilowattstunden im Monat) lag im Jahr 2000 bei 43 Euro. Damit war sie niedriger als in Deutschland und Irland (jeweils 44), Dänemark (49), Belgien (54), Portugal (62) und Italien (70) (Das Parlament vom 2.4. 2002: 14).

5.3. Vom geschlossenen zum liberalisierten Strommarkt (mit vorzeitiger Öffnung für regenerative Elektrizität)

Die europäische Richtlinie für den Strombinnenmarkt (Europäische Gemeinschaft 1997) gab den Impuls, die Öffnung des holländischen Elektrizitätsmarktes einzuleiten. Die Niederlande sind mit ihrem Electricity Law von 1998 über die europäischen Vorgaben hinaus gegangen, jedoch hinter dem durchschnittlichen Marktöffnungstempo in der EU zurück geblieben. Dafür ist die Liberalisierung des Stroms aus regenerativer Energie vor der Marktöffnung für konventionelle Elektrizität erfolgt. Laut EU-Richtlinie sind die nationalen Strommärkte bis zum Jahr 2003 um mindestens 33 Prozent zu öffnen. Dafür wurden drei Schritte festgelegt: bis zum 1.1. 1999 sollen ca. 25 Prozent, bis zum 1.1. 2000 etwa 28 Prozent und bis zum 1.1. 2004 rund 33 Prozent der Elektrizitätsmärkte liberalisiert sein. Eine weiter gehende Öffnung ist noch nicht beschlossen und zwischen den Mitgliedsstaaten umstritten. Hauptgegner ist Frankreich, das die Stromversorgung der öffentlichen Daseinsvorsorge zuordnet und das Privatkundengeschäft nicht liberalisieren möchte. Die Mehrzahl der Mitgliedsstaaten plädiert hingegen für eine rasche und vollständige Öffnung der Märkte (vgl. dazu Eising 2000). Anstatt die völlige Öffnung der Energiemärkte bis 2005 zu beschließen, wie von der EU-Kommission ursprünglich vorgeschlagen, mussten sich die 15 Regierungschefs beim EU-Gipfel in Barcelona im März 2002 deshalb damit begnügen, vorerst nur für Industrieunternehmen die Strom- und Gasversorgung zu liberalisieren. Rund 60 Prozent des Energiemarktes sollen damit vom Jahr 2004 an für den Wettbewerb geöffnet sein. 2003 soll über den nächsten Schritt entschieden werden (HAZ vom 18.3. 2002: 2).

Der holländische Strommarkt wird in drei Stufen geöffnet: Alle Konsumenten, die mehr als zwei Megawattstunden verbrauchen, konnten vom 1. Januar 1999 an ihren Lieferanten frei wählen. Seit dem 1.1. 2000 ist es auch für alle, die mehr als 50 Kilowattstunden verbrauchen, möglich, sich ihren Anbieter selbst auszuwählen. Die vollständige Marktöffnung sollte ursprünglich ab Anfang 2007 erfolgen. Im Frühjahr 2000 entschied die holländische Wirtschaftsministerin jedoch, die Marktöffnung auf den 1.1. 2004 vorzuziehen. Die Möglichkeit, dies eigenmächtig mit einer einfachen Verwaltungsvorschrift zu tun, war ihr im Electricity Act von 1998 ausdrücklich eingeräumt worden.

Auch für die Öffnung des Gasmarktes beschloss die Ministerin in der gleichen Anordnung ein beschleunigtes Tempo: hier wird nun ebenfalls im Jahr 2004 statt 2007 die vollständige Liberalisierung erfolgen, nachdem im Jahr 2000 bereits 45 Prozent (Verbrauch über 10 Mio kWh) und ab 2002 65 Prozent des Marktes (Verbrauch über 170.000 kWh) geöffnet worden war (IEA 2000: 71, 89).

Zum Zeitraum der Vollendung dieser Schrift zeichnete sich eine weitere Beschleunigung der holländischen Strommarktöffnung ab. Die Platform Versnelling Energieliberalisering, von mir im Akteurskapitel als wichtigstes

Netzwerk im Untersuchungsfeld analysiert, legte im April 2002 eine entsprechende Empfehlung vor. Danach soll der Strommarkt statt Anfang 2004 bereits zum 1. Oktober 2003 geöffnet werden (Website Ecofys).

Tabelle 13: Stand der Liberalisierung des europäischen Strommarktes im April 2002 (Quellen: FAZ vom 25.4. 2002: 16, Reiche 2002b).

Land	**Marktöffnungsgrad**	**Zeitpunkt der vollständigen Liberalisierung**
Austria*	100 %	2001
Belgium	35 %	2007
Denmark	90 %	2003
Finland	100 %	1997
France	30 %	Noch unklar
Germany	100 %	1999
Greece	30 %	Noch unklar
Ireland*	30 %	2005
Italy	45 %	Noch unklar
Luxembourg	0 %	Noch unklar
Netherlands*	**33 %**	**2003 oder 2004**
Portugal	30 %	Noch unklar
Spain	45 %	2003
Sweden	100 %	1998
United Kingdom	100 %	1998
EU Gesamt	**Ø 57. 87 %**	**Keine Endpunkt durch die EU festgelegt**

* In Irland und den Niederlanden hat grüne Elektrizität einen zeitlichen Vorsprung bei der Marktliberalisierung erhalten. Kunden können vorzeitig ihren Anbieter wechseln, wenn es sich dabei um einen Ökostromanbieter handelt – ansonsten müssen sie bis zur vollständigen Marktöffnung bei ihrem alten EVU bleiben. In Österreich bekam Ökostrom einen zeitlichen Vorsprung von sechs Monaten, inzwischen ist der Markt aber komplett geöffnet.

Tabelle 13 zeigt, dass mit Ausnahme von Frankreich alle Länder, die die Niederlande umgeben, einen höheren Marktöffnungsgrad vorweisen können.
Eine holländische Besonderheit ist die vorgezogene Marktöffnung für Ökostrom. Während Verbraucher grundsätzlich erst ab 2004 ihren Stromlieferanten frei wählen können, wurde es ihnen mit der Einführung des Systems der grünen Zertifikate am 1. Juli 2001 ermöglicht, schon zu einem früheren Zeitpunkt zu einem grünem Anbieter zu wechseln. Das heißt, es besteht entweder die Möglichkeit, bis 2004 wie gehabt konventionellen Strom zu beziehen und beim lokalen Versorger zu bleiben oder bereits vorher zu einem Ökostromanbieter zu wechseln. Bereits zuvor gab es zahlreiche grüne Tarife in den Niederlanden, die auch überdurchschnittlich angenommen wurden. Jetzt sind die Verbraucher nicht mehr an das Ökostromangebot ihres lokalen Versorgers gebunden, sondern können frei wählen (zu einer Übersicht aller

Ökostromangebote in den Niederlanden siehe die Ecofys-Website). Mögliche Auswahlkriterien sind dabei der Anbieter (etabliertes Unternehmen versus neuer Anbieter), das Angebot (zum Beispiel mit oder ohne Strom aus Müllverbrennungsanlagen) und der Preis (mit Photovoltaik in der Regel etwas teurer).

5.4. Von nationaler zur Mehrebenenpolitik

Die europäische und globale Ebene üben einen wachsenden Einfluss auf die niederländische Politik zur Förderung erneuerbarer Energien aus. Bereits angesprochen wurde, dass die EU-Richtlinie zur Stromerzeugung aus erneuerbaren Energien den Niederlanden vorsieht, ihren Ökostrom-Anteil bis zum Jahr 2010 auf neun Prozent zu steigern. Dies entspricht fast einer Verdreifachung innerhalb eines Jahrzehnts. In meinen Interviews wurde deutlich, dass diese Vorgabe, auch wenn sie nur einem Referenzwert ohne bindenden Charakter entspricht, von den handelnden Akteuren sehr ernst genommen und als zentrale Bezugsgröße betrachtet wird. Nicht nur die europäische Politik beeinflusst die Niederlande sehr stark, auch umgekehrt nehmen holländische Akteure eine aktive Rolle in Brüssel ein. Auf die abschließende Fassung der EU-Richtlinie, insbesondere auf die partielle Akzeptanz von Strom aus Müllverbrennungsanlagen als grüne Elektrizität, haben Vertreter des niederländischen Wirtschaftsministeriums sowie der Vereniging van Afvalverwerkers (VVAV) beträchtlichen Einfluss ausgeübt (Interviews Huisman, Timmer).
Nach dem Kyoto-Protokoll und dem Aushandlungsprozess zur Lastenteilung innerhalb der Europäischen Union sind die Niederlande verpflichtet, ihre Kohlendioxid-Emissionen in der ersten Periode von 1990 bis 2008/2012 um sechs Prozent zu reduzieren (von 1990 bis 2000 hat es allerdings einen Anstieg um 12 Prozent gegeben, siehe DIW 2001: 730). Durch so genannte flexible Maßnahmen (Joint Implementation, Clean Development Mechanisms und Emissions Trading) wollen die Niederlande der Hälfte ihrer Verpflichtungen im Ausland nachkommen. Bei deren Anwendung hat die holländische Regierung eine Pionierrolle übernommen. Im April 2001 unterzeichnete Wirtschaftsministerin Jorritsma die ersten fünf Verträge, mit denen sie eine CO_2-Minderung von 4,62 Megatonnen erwarb. Der Preis betrug 35,3 Millionen Euro. Zwei niederländische und ein amerikanisches Unternehmen wollen zusammen mit lokalen Partnern in Polen, Rumänien und Tschechien einen Windpark, zwei Fernwärmeprojekte, Biomasse-Heizkessel und eine Kraft-Wärme-Zentrale erstellen (Bergius 2001: 254). Anfang 2002 hat die niederländische Regierung in einem zweiten Schritt der Weltbank 40 Millionen US-Dollar bereit gestellt. Mit diesem Geld sollen verschiedene Projekte im Bereich „saubere Energie“ in Entwicklungsländern gefördert werden. Im Gegenzug erhalten die Niederlande einen Kredit über zehn Megatonnen Kohlendioxid, den sie sich auf ihre inländische Reduktionsverpflichtung von

250 Megatonnen anrechnen lassen können (TNU vom 31.1. 2002). Im April 2002 unterzeichnete Umweltminister Pronk weitere Verträge, und zwar mit Kolumbien, El Salvador und Peru für gemeinsame Projekte zur Reduzierung von Treibhausgasen (NNM vom 19.4.2002). Auch auf nationaler Ebene ist die Einführung eines CO_2-Handelssystems in Planung. Im April 2002 beschloss das Kabinett, von 2005 an ein Treibhausgasemissions-Handelssystem einführen zu wollen - Details dazu wurden aber noch nicht festgelegt. Zugleich wurden analoge Initiativen auf europäischer Ebene begrüßt (NNM vom 15.4. 2002, 17.4. 2002).

Verschiedene holländische Unternehmen versuchen seit einigen Jahren, einem internationalen Handel mit grünen Zertifikaten den Weg zu ebnen. Dazu haben sie sich dem Renewable Energy Certification Scheme (RECS) angeschlossen, das sich für diese Zielsetzung europaweit einsetzt. Die zentrale Philosophie dieser Gruppe, der sich Vertreter von Elektrizitätsunternehmen und Ministerien aus sieben Ländern angeschlossen haben, lautet, dass ein Ausbau erneuerbarer Energien erfolgen soll, aber auf die wirtschaftlich günstigste Weise. Das Leitbild, ökonomisch ökologisch zu handeln, schließt auch ein, dass der Verbrauch erneuerbarer Energie nicht dort statt finden muss, wo die Produktion erfolgt. Da Klimaschutz ein globales Problem ist, kommt es nach Auffassung der RECS-Mitglieder nicht darauf an, wo, sondern dass überhaupt mehr Energie aus regenerativen Quellen erzeugt wird. Zugleich könne der Treibhauseffekt am wirksamsten bekämpft werden, wenn dort investiert werde, wo pro Euro der größte Umwelteffekt erreicht werden könne. Nach dieser Logik ist es ökonomisch und ökologisch günstiger, Windenergieanlagen beispielsweise statt in den Niederlanden in Schottland und Photovoltaikanlagen statt in Deutschland in Spanien zu betreiben. Für solche Auslands-Investitionen sollen den Unternehmen Zertifikate ausgestellt werden, die sie an ihrem Heimatstandort für den Verkauf grüner Energie nutzen können.

Im Januar 2001 haben 50 Unternehmen aus den Niederlanden, Norwegen, der Schweiz, Dänemark, Belgien, Italien und Großbritannien eine Testphase für RECS begonnen. Erste Erfahrungen werden bei den dreimonatigen Treffen der Gruppe ausgetauscht. Bei der Durchführung von RECS haben die Niederlande von Beginn an eine Führungsrolle übernommen. Unter anderem ist in Holland das Sekretariat beheimatet (Website RECS).

Einige niederländische Unternehmen haben sich die Philosophie von RECS längst zu eigen gemacht und begründen dies damit, dass die Nachfrage nach grünem Strom zu groß sei. Das Missverhältnis von heimischer Produktion und inländischer Nachfrage zeigt auch Abbildung 3. Im Interview mit einem Vertreter des Versorgers Cogas Ende 2001 wurde mir, um zur besseren Veranschaulichung von einem Einzelbeispiel zu berichten, gesagt, dass die eigene Marke „cogas green“ von 8.000 Kunden bezogen wird (rund zehn Prozent aller Kunden des Unternehmens haben sich damit für Ökostrom entschieden). Die eigene inländische Produktion (vorwiegend Biogas) würde aber gerade einmal für die Versorgung von 2.000 Ökostromkunden reichen.

Deshalb wird die übrige grüne Elektrizität von Wasserkraftwerken in der Schweiz eingekauft (Interview van Hutten). Auf der Homepage von RECS wird folgendes Beispiel zur Illustration genannt: das Hamburger Unternehmen HEW verkauft an einen industriellen Großabnehmer Ökostrom aus Irland, der dort in Windenergieanlagen billiger als in Deutschland produziert werden kann.
Die Zukunft von RECS ist ungewiss. Die holländischen Gruppenmitglieder haben die Philosophie von RECS bereits in nationales Recht umsetzen können: seit Anfang 2002 werden, wie weiter oben beschrieben, grüne Zertifikate auch für grünen Strom von außerhalb der Landesgrenzen ausgestellt (sofern keine Doppelförderung, also keine andere Unterstützung in dem Importland bereits erfolgt ist). Mit diesem Schritt stehen die Niederländer allerdings alleine da. Weil RECS offiziell nur von der italienischen Regierung unterstützt wird (auch wenn Ministeriumsvertreter aus anderen Staaten ebenfalls den Gruppentreffen beiwohnen), bleibt abzuwarten, ob auch andere Länder den Import von grünem Strom anerkennen und auf diesem Weg ein Handel zwischen allen Ländern über die Pilotphase auf freiwilliger Ebene hinaus zustande kommt.

Abbildung 3: Verhältnis von Angebot und Nachfrage im holländischen Ökostrommarkt Ende 2001 (Quelle: Ecofys).

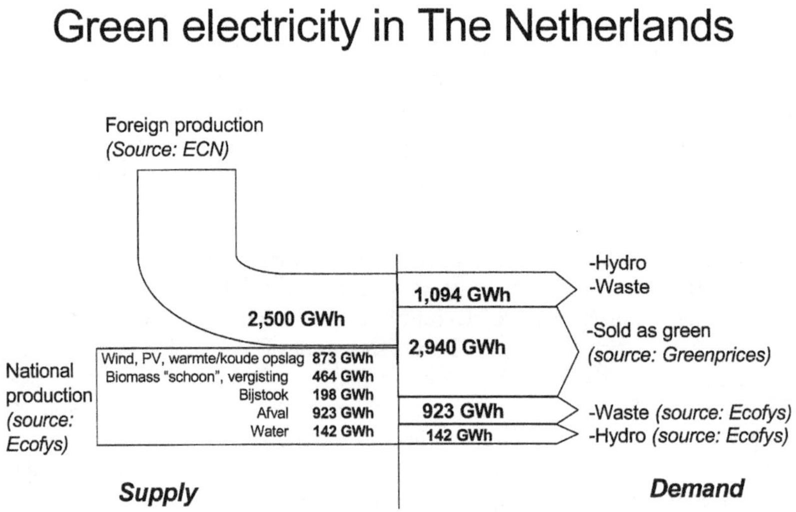

5.5. Von punktueller Politik zum Policy Mix

Nach Ansicht der staatlichen Energieagentur Novem findet in den Niederlanden der im europäischen Vergleich breiteste Politik-Mix Anwendung (Kwant/ Ruijgrok 2001: 12). Neben der Nachfrageorientierung liegt das Hauptaugenmerk dabei auf freiwilligem Handeln, das allerdings oftmals erst im Schatten der Hierarchie zustande kommt. Mit der Darstellung der Umweltaktionsprogramme (MAP) ist dies bereits verdeutlicht worden. Ein weiteres Beispiel ist eine Vereinbarung aus dem Jahr 2000 zu Effizienzsteigerungen in Kohlekraftwerken, die bis zum Jahr 2010 durch die Mitverfeuerung von Biomasse ein vergleichbares Emissionsprofil wie Gaskraftwerke aufweisen müssen. Im Vergleich zu 1990 sollen die Kohlendioxidemissionen aus Kohlekraftwerken damit innerhalb von 20 Jahren um 40 Prozent sinken. Im Gegenzug wurden den Betreibern von der Regierung Vergünstigungen bei der Brennstoffsteuer zugesagt. Zudem wird der Biomasse-Anteil des erzeugten Stroms seit 2002 wie andere erneuerbare Energien auch von der Energiesteuer befreit – vorher schloss schon ein einprozentiger Plastikanteil dies aus. Wird also nun zehn Prozent Biomasse mitverfeuert, zahlt der Betreiber nur 90 Prozent der Abgabe.
1999 kam es zu einer Vereinbarung (covenant) zwischen dem Umweltministerium und den Betreibern der Müllverbrennungsanlagen (Staat, VEREBA, de Afvalverbranders en Novem 1999). Danach verpflichtete sich die Industrie, durch weitere Effizienzsteigerungen noch mehr Strom aus ihren Anlagen zu gewinnen. Im einzelnen sollte der Anteil um 23 Prozent bis 2002 zunehmen. Im Gegenzug kommt Strom aus Müllverbrennungsanlagen in den Genuss einer halbierten Energiesteuer, erhält allerdings keine grünen Zertifikate.
Seit Mitte der 1980er Jahre sind in den Niederlanden insgesamt mehr als 100 Umweltschutzvereinbarungen geschlossen worden. Ihre thematische Spannbreite reicht vom Batterierecycling bis zur Asbestverminderung in Bremsbelägen. 1997 ist eine covenant zur Photovoltaik, 1999 eine zur Solarthermie vereinbart worden (Minez 1999: 27f.). Für den Energiebereich sind aber vor allem die 30 Energiesparverträge zwischen dem Wirtschafts-ministerium und 1.250 Unternehmen von Bedeutung gewesen. Die Verträge sahen eine Effizienzsteigerung des Energieeinsatzes um durchschnittlich 20 Prozent von 1990 bis zum Jahr 2000 vor. Dieses Ziel wurde nach Angaben des Wirtschaftsministeriums bereits vorzeitig 1999 erreicht. Das Besondere an den so genannten covenants in den Niederlanden ist, dass sie zumeist nicht nur Absichtserklärungen, sondern Absprachen mit Vertragscharakter sind, die zum Teil sogar vor Gericht eingeklagt werden können. Bei den Einspar-Abkommen mussten die Unternehmen mit der staatlichen Energieagentur Novem detaillierte Investitionspläne erarbeiten. Wurden diese nicht eingehalten, konnten sie dazu von Gerichten gezwungen werden. Die Regierung bevorzugte allerdings ein anderes Vorgehen: Falls ein Unternehmen wegen einer betriebswirtschaftlich ungünstigen Situation den Vertrag nicht einhalten konnte, zeigte man sich kulant und leitete keine weiteren Maßnahmen ein. Ist das Abkommen hingegen

absichtlich nicht eingehalten worden, wurde es gekündigt. Die Firma wurde dann im Zusammenspiel mit der Gemeinde durch verschärfte Umweltauflagen zu den entsprechenden Investitionen gezwungen (Bergius 2001: 251).
Seit dem Elektrizitätsgesetz von 1989 galt in den Niederlanden auch eine Abnahmegarantie mit festgelegter Einspeisevergütung für erneuerbare Energien. Für diesen Mechanismus ist dann allerdings ein Prozess der geordneten Beendigung eingeleitet worden. Die Vergütungsdauer war von Beginn an Verhandlungssache. Die Festlegung des Mindestpreises erfolgte nach einem komplizierten Modus (vermiedene Brennstoffkosten) und wurde im Zeitlauf mehrfach geändert. Sie lag von 1990 bis 1999 zwischen 3,2 und 3,8 Eurocents pro Kilowattstunde. Mit den Regelungen aus dem Elektrizitätsgesetz von 1998 wurde sukzessive das Ende der holländischen Einspeisevergütung eingeleitet. Strom aus Wasserkraft- und Biomasseanlagen bekam zwar zunächst weiter eine Vergütung, allerdings nur, wenn das Kraftwerk eine Kapazität von unter zwei Megawatt hatte. Auch für Windkraft- und Photovoltaikanlagen sind die Bedingungen weiter verschärft worden. Die Abnahmegarantie gilt laut dem 1998er Gesetz von 2002 an nicht mehr für Anlagen bis acht Megawatt, sondern nur noch bis 600 Kilowatt. Anfang 2007 sollte dann auch diese Mindestvergütung für kleine Stromproduzenten ganz auslaufen. Mit der Öffnung des Elektrizitätsmarktes für Ökostrom im Jahr 2002 ist dieser ursprüngliche Fahrplan für das Auslaufen der Einspeisevergütung allerdings weiter beschleunigt und hinfällig geworden – seitdem werden nun keinerlei Einspeisevergütungen (über die im Rahmen der RET vorgesehenen Zahlungen hinaus) mehr geleistet (Dinica/Arentsen 2001: 44f., Interview Zijlstra).
Die holländische Regierung hat sich bewusst gegen ein Mindestpreissystem entschieden. Es wird kritisiert, dass mit einer Einspeisevergütung kein Anreiz für Innovationen, Wettbewerb und eine Reduktion der Produktionskosten bestehe. Die holländische Präferenz für eine nachfrageorientierte und vorwiegend freiwillige Instrumentierung sei besser mit dem liberalisierten Strommarkt vereinbar (Kwant/Ruijgrok 2001: 12).
Der Versuch, durch eine Institutionalisierung in Form des Projektbüros für erneuerbare Energien Akteure mit einem Eigeninteresse am Wachstum von Ökostrom zu etablieren und das Thema so dauerhaft auf der Agenda zu verankern, ist bereits im Abschnitt über staatliche Akteure ausführlicher vorgestellt worden.
Eine große Stimulation für Maßnahmen zur Energieeinsparung und zur verstärkten Nutzung erneuerbarer Energien soll die Einführung des Energy Performance Standard (EPN) im Rahmen des Programms Optimising of the Energy Infrastructure (OEI) sein. Hintergrund des Regierungsengagements für ein energieeffizienteres Wohnen ist die Tatsache, das laut dem vierten Raumordnungsplan-Dokument von 1995 wegen der wachsenden Bevölkerungszahl und einem zunehmenden Anteil von allein wohnenden Menschen von 1995 bis zum Jahr 2010 1,5 Millionen neue Häuser benötigt werden. Um zu vermeiden, dass diese Entwicklung mit einem steigenden

Verbrauch fossiler Energie einhergeht, wurde das OEI-Programm aufgelegt. Der EPN gilt seit Dezember 1995 und ist ein Kernstück des Programms. Danach müssen Architekten, die sich um Genehmigungen für den Neubau von Häusern bemühen, nachweisen, dass sie einem gesetzlich festgelegten Energy Performance Coefficient (EPC) erreichen. Mit welchen Maßnahmen sie die Anforderungen erfüllen, wird dabei ihnen überlassen. Denkbar sind die Isolation von Wänden, der Einbau besonders effizienter Fenster oder aber eben auch die Nutzung von Solarthermie und Photovoltaik. Grundsätzlich besteht die Intention des EPN darin, den Bauherren ein hohes Maß an Freiheit zu überlassen und Effizienzgewinne auf dem wirtschaftlich günstigsten Weg zu erreichen, was eher für Energieeinsparmaßnahmen statt für die noch vergleichsweise teuren erneuerbaren Energien spricht. Das Wirtschaftsministerium schreibt aber in seinem Bericht zu Fortschritten im Bereich erneuerbarer Energien, dass es beispielsweise attraktiv und eine Form des Luxus sein könne, in eine solare Warmwasseranlage zu investieren statt die Anzahl der Fenster reduzieren zu müssen. Dennoch, was bleibt, ist die Notwendigkeit von Überzeugungsarbeit vor Ort und die Sensibilisierung der Betroffenen, damit erneuerbare Energien tatsächlich verstärkt im Wohnungsbau eingesetzt werden. Dazu kann jedoch auch eine sukzessive Verschärfung des Standards beitragen, wie sie auch bereits vorgenommen worden ist. Lag der EPN-Wert 1996 noch bei 1,4, so wurde er vom Jahr 2000 an auf 1,0 abgesenkt. Dies bedeutet, dass ein Standard-Haus nicht mehr als 1.000 Kubikmeter Naturgas pro Jahr zum Heizen verbrauchen darf. Die staatliche Energiagentur Novem führt nach einem speziellen Bewertungsverfahren ein Ranking, welche Gemeinden die größten Fortschritte beim energieeffizienten Wohnen machen. Der Spitzenreiter wird dabei ausgezeichnet (Minez 1999: 36f., Kool 2001: 2, Interview Frank).

Schließlich bestehen in den Niederlanden auch diverse Steuervergünstigungen, Abschreibungserleichterungen und Zuschussprogramme für erneuerbare Energien. Investitionen in regenerative Erzeugungstechnologien können anteilig auf das zu versteuernde Einkommen angerechnet werden. Die Steuervergünstigung liegt hierbei, abhängig vom Investitionsvolumen, zwischen 40 und 52 Prozent. Zudem sind die meisten erneuerbaren Erzeugungssysteme zu einer variablen Abschreibung zugelassen (Vervroegde Afschrijving Milieu-Investering Regeling, VAMIL). Bereits bei der Vorstellung der Akteure aus der Finanzwirtschaft wurde das holländische Green Funds System ausführlich beschrieben. Es kann gerade auch im Hinblick auf die Förderung erneuerbarer Energien als ein Schlüsselinstrument bezeichnet werden. Im internationalen Vergleich sind die Niederlande damit zugleich ein Pionier im Bereich des ethischen Investments. Während dieses in anderen Ländern noch eine Nischenrolle einnimmt und sich auf ein kleine Schicht ökologisch in hohem Maße bereits sensibilisierter Menschen beschränkt, konnte in Holland durch gezielte staatliche Intervention in hohem Umfang privates Kapital für Umwelt- und Energieprojekte mobilisiert werden.

Die wichtigsten Förderprogramme sind in diesem Kapitel vorgestellt worden. Eine Übersicht sämtlicher in den Niederlanden derzeit laufenden Subventionsprogramme in den Bereichen Energieeinsparung und regenerative Energie kann Tabelle 14 entnommen werden.

Tabelle 14: Übersicht aller Förderprogramme für eine regenerative und effiziente Energieerzeugung (Quelle: Novem).

Versi 1.0 5 juni 2002 Subsidiebbureau DEN

SUBSIDIEMOGELIJKHEDEN VOOR (DUURZAME) ENERGIETECHNOLOGIE

4categorieën van regelingen mez subsidiemogelijkheden voor projecten
(A) regelingen gericht op onderzoek (B) regelingen op toepassing
(C) regelingen m.b.t. kennisoverdracht (D) financieringsinstrumente

Technologische Samenwerking (Categorie A / B)
De regeling steunt nationale en internationale technologische samenwerkingprojecten op ieder onderzoeksgebied behalve landbouw, bosbouw en visserij. Belangrijkste eisen zijn: innovativiteit en samenwerking met circa vijf bedrijven en/of kennisinstellingen in Nederland. De subsidie bedraagt 50% subsidie voor onderzoeksprojecten en 25% voor ontwikkelingsprojecten. Voor het MKB en kennisinstellingen kan het subsidiepercentage worden opgehoogd met 10%. Info: www.senter.nl

WBSO: Fiscale stimulering van Speur- en Ontwikkelingswerk (Categorie A / B)
De WBSO is een fiscale faciliteit voor Speur & Ontwikkelingswerk (S&O). Onder S & O wordt verstaan door de aanvrager systematisch georganiseerde en in Nederland verrichte werkzaamheden direct en uitsluitend gericht op technisch-wetenschappelijk onderzoek of de ontwikkeling van voor de aanvrager technisch nieuwe:

- fysieke producten en/of onderdelen van fysieke producten;
- fysieke productieprocessen en/of onderdelen van fysieke productieprocessen;
- programmatuur en/of onderdelen van programmatuur;
- alsmede daaraan voorafgaand systematisch georganiseerd haalbaarheidsonderzoek.

Het ontwikkelingswerk eindigt wanneer het technisch werkingsprincipe is aangetoond in een prototype. Info: http://www.senter.nl

EET: Economie, Ecologie en Technologie (Categorie A)
Samenwerkingsverbanden van bedrijven, kennisinstituten en universiteiten kunnen binnen EET ondersteuning krijgen voor grote technologie-onderzoeksprojecten die op de lange termijn kunnen bijdragen aan een aanzienlijke verbetering van het milieu en een verduurzaming van de economie. Info: http://www.eet.nl

6e Kaderprogramma EU (Categorie A / B / C)
De Europese Unie stimuleert met het kaderprogramma onderzoek en technologische ontwikkeling. De belangrijkste redenen hiervoor zijn het versterken van de interne markt, het versterken van de concurrentiepositie met name ten opzichte van de VS en Japan, het

verhogen van het welzijn van de Europese burgers en het stimuleren van duurzaam en milieuvriendelijk produceren. Het Zesde Kaderprogramma voor Onderzoek en Technologische Ontwikkeling bestaat uit zeven thematische prioriteiten. Voor de prioriteit Duurzame ontwikkeling, wereldwijde veranderingen en ecosystemen komen projecten in aanmerking op het gebeid van Duurzame energiesystemen, Duurzaam vervoer over land en zee en veranderingen in het aardsysteem en ecosystemen. Voorwaarde is dat er sprake is van samenwerking tussen bedrijven en kennisinstellingen uit verschillende EU landen. Voor het Midden- en Kleinbedrijf (MKB) zijn er een aantal specifieke regelingen met als doel de deelname aan de Europese subsidie programma's voor onderzoek en technologische ontwikkeling te vergroten. Info: www.cordis.lu en www.egl.nl

Nieuw energieonderzoek – NEO (Categorie A)
Organisatie met ideeën voor innovaties in de duurzame energiehuishouding in Nederland kunnen voor onderzoek subsidie krijgen. Het gaat hierbij om prille ideeën of om ideeën met een hoog technologisch risico. Info: www.novem.nl

Energiebesparing door Innovatie (Categorie A / B)
De regeling heeft tot doel het realiseren van energiebesparing in de Nederlandse industrie en bij dienstverlenende bedrijven en instellingen. Hiervoor stimuleert zij projecten die zich richten op de ontwikkeling en toepassing van nieuwe technologieën of de nieuwe toepassing van bestaande technologieën met energiebesparing als resultaat. Info: http://www.senter.nl

Besluit CO2-reductieplan (Categorie B / D)
Doel van het CO2-reductieplan is een flinke impuls te geven aan investeringen gericht op het substantieel terugdringen van de uitstoot van broeikasgassen. De overheid geeft hierdoor invulling aan de afspraken die gemaakt zijn in het kader van het klimaatbeleid. Ten behoeve van dit beleid is in totaal EUR 681 miljoen gereserveerd, waarvan EUR 425 miljoen voor investeringen met aanzienlijke emissiereducties gedurende de exploitatie. Info: http://www.co2-reductie.nl/

Milieu & Technologie (Categorie A / B / C)

Dit programma draagt bij aan een duurzame toekomst door de ontwikkeling, demonstratie en toepassing van innovatieve, duurzame technologie in de industrie te stimuleren. Organisaties en bedrijven die nieuwe technologische oplossingen, producten of processen willen ontwikkelen of introduceren, kunnen bij dit programma terecht voor kennis, ideeën en financiële steun. Info: www.novem.n

DBT (Duurzame Bedrijventerreinen) (Categorie A / B / C)
Een bedrijf, bedrijvenvereniging, gemeente, provincie, projectontwikkelaar, werkgeverskring, energie- of waterbedrijf kan voor een investering in het zoeken naar (innovatieve) duurzame oplossingen met betrekking tot bedrijventerreinen subsidie krijgen. Het gaat met name om het stimuleren van onderzoeksprojecten naar de samenwerkingsmogelijkheden op bestaande en nieuwe bedrijventerreinen Info: www.novem.nl

Groen financiering (Categorie D)
Project gericht op de toepassing van duurzame energie kunnen een lening afsluiten tegen een lager rentepercentage. Dit rentepercentage zal 1à 2 procent lager zijn dan de marktrente.Info: www.novem.nl

ROB (Reductie Overige Broeikasgassen) (Categorie B / D)
Een kennisinstituut, universiteit of ingenieursbureau, fabrikant, gebruiker van nieuwe technieken (bedrijf), brancheorganisatie, gemeente, provincie, milieudienst of belangenorganisatie, kan voor een investering in milieuprojecten subsidie krijgen. Het gaat met name om de uitstoot van broeikasgassen (methaan, lachgas en de gefluoreerde verbindingen HFK's, PFK's en SF6) in de periode 2008 – 2012 met minimaal 8 Mton CO2-equivalenten te verminderen. Info: www.novem.nl

VISIE (Voorzieningen en Installaties ter Stimulering van Innovatie en Energie-efficiëntie) en EBF (Energie Besparingsfonds) (Categorie B / D)
Een eigenaar, huurder of verhuurder van utiliteitsgebouwen die energieafnemer is van NUON, kan voor een investering subsidie krijgen. Het gaat met name om het stimuleren van investeringen in innovatieve en energie-efficiënte installaties. Behalve subsidie kan ook rentevoordeel verkregen worden via het Energie Besparingsfonds (EBF). Om voor EBF in aanmerking te komen, dient er met de investering een substantiële hoeveelheid CO2 te worden bespaard. Aanschaf van een WKK-installatie komt niet voor EBF in aanmerking. Info: www.nuon.nl

Voorlichting en Doorlichting (Schoner Produceren) (Categorie C)
Intermediaire organisaties kunnen eens per jaar voorlichtingsprojecten indienen. Deze projecten moeten tot doel hebben het MKB te interesseren voor en te activeren tot vermindering van milieubelasting. Uiteraard richten de projecten zich op een deel van het MKB (een branche, een keten, een regio etc.). Info: www.schonerproduceren.nl

Infomil (Categorie C)
InfoMil geeft informatie over de uitvoering van bedrijfsgerichte milieuwet- en regelgeving. Daarnaast faciliteert deze helpdesk autorisatieprocessen die leiden tot vaststelling van de `stand der techniek'. Taken zijn onder andere het geven van ondersteuning bij het opstellen van richtlijnen voor vergunningverlening en toe te passen technologie op bepaalde gebieden. Tevens biedt InfoMil beperkt beleidsondersteuning bij het ontwikkelen van het milieubeleid. Info: www.infomil.nl

EnergiePremieRegeling (EPR) (Categorie D)
Investeringen aan woningen kunnen in aanmerking komen voor Energiepremie. Woningcorporaties, verhuurders of bewoners van koop- of huurwoningen kunnen voor de aanschaf van energiebesparende voorzieningen of voor investeringen in duurzame energie subsidie krijgen. Investeringen, waarvoor EPR verkregen kan worden, worden genoemd op de EPR-lijst. Op deze lijst wordt ook aangegeven hoeveel subsidie verkregen kan worden. Info: energie bedrijf van de potentiële aanvragen

Carboncredits (Categorie D)
Investeringen in ontwikkelingslanden en in Midden- en Oost-Europa in duurzame energie, energiebesparing en afvalverwerking krijgen een hoger rendement door de CO2-emissiereducties te verkopen. Met Carboncredits.nl koopt Senter Internationaal namens de Nederlandse overheid reducties van broeikasgasemissies. Op deze manier ontstaat een nieuwe bron van inkomsten die de realisatie van projecten aantrekkelijker maakt. Info: http://www.senter.nl

Referentieprojecten Milieutechnologie (Categorie A / B / D)
Deze subsidieregeling helpt het midden- en kleinbedrijf (MKB) de eerste klant voor een nieuwe technologie met een substantieel milieueffect over de streep te trekken. Op deze

manier heeft de ondernemer een referentie die hij kan gebruiken bij het verder op de markt brengen van zijn nieuwe milieugerichte technologie. Info: http://www.senter.nl

Milieu Investeringsaftrek en Willekeurige afschrijving Milieu-investeringen (Categorie D)

Ondernemers die investeren in milieuvriendelijke bedrijfsmiddelen kunnen via de MIA tot 40 procent van het investeringsbedrag in mindering te brengen op de fiscale winst. (afhankelijk van de milieueffecten en hoe gangbaar het bedrijfsmiddel is). De VAMIL biedt ondernemers die investeren in milieuvriendelijke bedrijfsmiddelen de mogelijkheid deze bedrijfsmiddelen willekeurig ofwel vrij af te schrijven. Bedrijfsmiddelen die in aanmerking komen staan in de Milieulijst. Info: http://www.senter.nl

Subsidieregeling BANS klimaatconvenant (Categorie B)

Een gemeente of provincie kan subsidie krijgen ter ondersteuning van haar klimaatbeleid. Deze subsidie vloeit voort uit de paragraaf over klimaatverandering van het BANS (Bestuursakkoord Nieuwe Stijl) en wordt kortweg ook wel 'klimaatsubsidie' genoemd. Info: www.novem.nl

EIA: Energie Investeringsaftrek (Categorie D)

De energie-investeringsaftrek is een fiscale aftrekregeling die ondernemers die investeren in energiebesparende bedrijfsmiddelen en duurzame energie, een direct financieel voordeel biedt. Info: http://www.senter.nl

EINP: Energievoorzieningen in non-profit en bijzondere sectoren (Categorie D)

Deze subsidieregeling heeft tot doel investeringen in energiebesparing en de inzet van duurzame energie te stimuleren. Doelgroepen zijn non-profit en bijzondere sectoren (zoals stichtingen, kerkgenootschappen, verenigingen, publiekrechtelijke rechtspersonen en alle zwembaden met een publiekrechtelijk karakter) en natuurlijke personen (voor zover zij geen gebruik kunnen maken van de EIA-regeling) Info: www.senter.nl

Subsidieregeling Kennisoverdracht Ondernemers (SKO) (Categorie B / C)

De overheid wil het innovatievermogen van technologie-volgende middelgrote en kleine ondernemingen versterken. De subsidieregeling Kennisoverdracht Ondernemers MKB draagt hieraan bij door deze MKB'ers te stimuleren om bestaande, maar voor hen nieuwe technologieën in processen, producten of diensten van hun onderneming toe te passen. Info: www.senter.nl

Subsidieregeling Kennisoverdracht Brancheorganisaties (SKB) (Categorie B / C)

Brancheorganisaties kunnen voor een investering in het uitvoeren van een kennispositieproject en/of kennisoverdrachtproject voor de overdracht van kennis aan meerdere ondernemers subsidie krijgen. Het gaat met name om het stimuleren van investeringen in projecten ter bevordering van nieuwe initiatieven in het MKB. Info: www.novem.nl

Technische Ontwikkelingsprojecten (Categorie D)

Technische Ontwikkelingsprojecten (TOP) is een vorm van projectfinanciering bestemd voor ondernemingen die technisch risicovolle projecten willen uitvoeren voor eigen rekening en risico. Dergelijke projecten zijn soms moeilijk te financieren of leggen een te grote (financiële) belasting op de onderneming. Info: www.senter.nl

BSE Duurzame Energie (Categorie A / B / C)
De subsidieregeling heeft als doel het bevorderen van projecten die een bijdrage leveren aan de doelstellingen van het -beleid inzake duurzame energie van de Nederlandse overheid en waarvan de resultaten van betekenis zijn voor de Nederlandse energievoorziening, door middel van:

- het bevorderen van innovatie ten behoeve van toepassing van technologieën op het gebied van duurzame energie-,
- het verbeteren van de prijs-prestatieverhouding van technologieën op het gebied van duurzame energie, of
- het wegnemen van knelpunten voor de toepassing van technologieën op het gebied van duurzame energie.

De subsidieregeling duurzame energie kent verschillende budgetten. Voor haalbaarheidsprojecten is een budget van €1.800.000 beschikbaar. Het budget voor kennisoverdrachtprojecten bedraagt €1.800.000. Deze haalbaarheids- en kennisoverdrachtprojecten kunt u doorlopend indienen tot en met 24 oktober 2002. Het budget voor onderzoeks- of ontwikkelingsprojecten, praktijkexperimenten, demonstratie- en marktintroductie-projecten is verdeeld over twee tenders. De eerste ndieningmogelijkheid in 2002 is vanaf 8 april tot en met 22 augustus 2002. Het beschikbaar budget voor deze eerste tender bedraagt €9.000.000. De tweede indieningperiode loopt van 23 augustus 2002 tot en met 12 december 2002. Het beschikbare budget voor deze tweede tender bedraagt eveneens €9.000.000.Info: www.den.novem.nl , telefoon 030-2393798 of e-mail duurzame-energie@novem.nl

5.6. Resümee zum Regulierungsmuster

Das Regulierungsmuster zur Förderung erneuerbarer Energien in den Niederlanden ist - wie nicht anders zu erwarten - von den Vorstellungen des dominierenden Belief Systems, der ökonomischen Koalition, geprägt. Es besteht aus drei Hauptsäulen: Nachfrageorientierung, Freiwilligkeit und Kosten-effizienz. Zugleich können Elemente eines Politik-Mix identifiziert werden.
Die ökonomische Koalition legt Wert darauf, dass die Elektrizitätsunternehmen im Wettbewerb nicht zusätzlich belastet werden. Dem trägt die niederländische Regierung Rechnung, indem sie die Verantwortung für den Ausbau erneuerbarer Energien hauptsächlich auf die Konsumentenseite überträgt. Diese können freiwillig einen Ökostromanbieter wählen. Es wäre allerdings nicht zutreffend, der niederländischen Regierung eine Politik des Laisser-faire zu bescheinigen. Indem sie die Strommarktliberalisierung speziell für Anbieter grüner Elektrizität vorgezogen hat (nur zu ihnen ist zunächst ein Wechsel möglich) und Strom aus regenerativen Erzeugungsanlagen von der Ökosteuer befreit, hat sie durch gezielte staatliche Intervention die Bedingungen für umweltfreundlichen Strom verbessert. Allerdings profitieren erneuerbare Energien nicht in ihrer ganzen Breite von diesen Instrumenten. Indem für alle regenerativen Quellen die gleiche Förderung (Ökosteuerbefreiung) besteht, wird außer Acht gelassen, dass es eine unterschiedliche Kostenstruktur gibt und insbesondere die Photovoltaik einer höheren Förderung bedürfen würde. So werden Windkraft und Biomasse, die bereits wirtschaftlicher sind, begünstigt. Ferner zeigt die Tatsache, dass auch

für importierten Strom ein grünes Zertifikat ausgestellt und die Ökosteuerbefreiung gewährt werden kann (solange nicht schon eine Förderung im Stammland erfolgt), das Effizienzstreben des dominierenden Belief Systems. Zugleich ist daran auch die internationale Orientierung und der Wunsch nach einem einheitlichen europäischen Fördersystem ablesbar.
Nachfrageorientierung, freiwilliges Handeln und Kosteneffizienz können zwar als rote Linien bei der Instrumentierung identifiziert werden. Zugleich sind aber auch Überschneidungen mit konkurrierenden Fördersystemen unverkennbar. Seit 1989 besteht in den Niederlanden eine Einspeisevergütung, deren Empfängerkreis allerdings sukzessive ausgedünnt worden ist. Allerdings kann auch ein Element des Ökosteuergesetzes als Form einer Mindestpreisregelung analytisch erfasst werden: Ein kleiner Teil des Ökosteueraufkommens wird an die Produzenten grüner Elektrizität in Form einer garantierten Vergütung pro Kilowattstunde gezahlt. Zwar ist diese mit knapp zwei Euro Cents nicht sehr hoch, zugleich aber eine gezielte Ergänzung zur Ökosteuerbefreiung und vorgezogenen Marktöffnung. Dies und die anderen weiter oben dargestellten übrigen Instrumenten zeigen zudem auch, dass die holländische Politik nicht ganz so dogmatisch wie von ihren Kritikern behauptet ist und durchaus das Verständnis dafür, dass nicht ein einziges, sondern verschiedenen Instrumente nötig sind, vorhanden ist.

6. Restriktionen erneuerbarer Energien in den Niederlanden

Bei der Analyse von Hemmnissen erneuerbarer Energien ist zwischen länderübergreifenden und nationenspezifischen Restriktionen zu unterscheiden. Von der Wasserkraftnutzung in einigen Staaten abgesehen, ist die Stromerzeugung aus regenerativer Energie in der Regel noch teurer als aus konventionellen Quellen, jedenfalls dann, wenn man externe Kosten nicht mit berechnet. Durch die Liberalisierung der Strommärkte sind die Elektrizitätspreise weiter gesunken und haben damit die Wirtschaftlichkeitsschwelle für Ökostrom in noch weitere Ferne rücken lassen. Die Notwendigkeit staatlicher Interventionen besteht damit unverändert fort, zumindest solange, bis sich die Kostenstruktur erneuerbarer Energien verbessert hat.
Weitere generelle Restriktionen sind systemimmanenter Natur wie die jahreszeitlichen Schwankungen insbesondere bei Photovoltaik und Windenergie, technischer (geringe Wirkungsgrade insbesondere bei Solarstrom) und struktureller Art. Erneuerbare Energien passen (noch) nicht in das seit mehr als einem Jahrhundert bestehende Belief System einer zentralisierten Produktion und Planung, sie bewegen sich außerhalb von diesem dominierenden Regime.
Bei der Analyse von Restriktionen ist neben der Frage, ob es sich dabei um generelle oder länderspezifische Hemmnisse handelt, auch noch einmal zwischen den einzelnen erneuerbaren Energien zu unterscheiden.

6.1. Praxis der Genehmigungsverfahren

Eine der größten Hürden in den Niederlanden, die Praxis der Genehmigungsverfahren, ist vor allem ein Nachteil für die Windenergie. Wenn ein Investor einen Antrag für einen Standort stellt, hat er zwei Verfahren zu durchlaufen. Er benötigt zum einen eine Umwelt- und zum anderen eine Baugenehmigung. Bei der Umweltgenehmigung wird unter anderem die Lärmbelastung und der mögliche Schattenwurf von Windanlagen untersucht. Ein ungeschriebenes, aber faktisch akzeptiertes holländisches Recht ist das eines freien Blickes auf den Horizont. In meinen Interviews war in diesem Zusammenhang wiederholt von „horizon pollution" die Rede.
Eine Umweltgenehmigung ist im Vergleich zur Baugenehmigung dennoch vergleichsweise einfach zu erhalten. Denn Baugenehmigungen machen in vielen Fällen das Ändern von Plänen notwendig. Oftmals war im bestehenden Raumordnungsplan der Einsatz von Windenergieanlagen noch nicht vorgesehen. Oder aber es wurde festgeschrieben, dass Anlagen bis zu einer bestimmten Höhe errichtet werden können, was aber längst nicht mehr dem Stand der Technik entspricht und daher eine Überarbeitung notwendig macht. Solche Planneuformulierungen sind mit einer öffentlichen Anhörung verbunden. Zu diesen Hearings werden verschiedene Akteursgruppen mit herangezogen. Möglich ist dann, dass sich Betroffeninteressen von Anwohnern formulieren, die eine Beeinträchtigung ihrer Lebensqualität (Beeinflussung des Landschafts-

bildes, Lärm, Schattenwurf, etc.) befürchten – Wolsink spricht in diesem Zusammenhang vom NIMBY-Syndrom (Not-In-My-Backyard, Wolsink 2000). In diesem Stadium melden sich oft auch Naturschützer zu Wort, die einen negativen Effekt auf die Vogelwelt befürchten. Interessanterweise gehören diese Kritiker oftmals Organisationen an, die sich auf nationaler Ebene für den Ausbau der Windenergie stark machen. „Wir sind oftmals Teil des Problems", sagte daher auch mein Gesprächspartner bei der Stichtung Natuur en Milieu (Interview van den Wittenboer).

Wenn sich bei den Anhörungen unter Beteiligung der verschiedenen Akteursgruppen (Projektentwickler, Anwohner, Naturschützer, lokale und regionale Behörden) abzeichnet, dass das Projekt umstritten ist, kann es sein, dass das ausgeprägte Konsensstreben in der niederländischen Gesellschaft dazu führt, dass die Kommune sich auf die Einsprüche von einzelnen einlässt und das Vorhaben aufgibt. Falls sie dies nicht tut, kann es immer noch sein, dass die Kritiker vor Gericht ziehen. Unabhängig vom Ausgang des Verfahrens kommt es auf diesem Weg zu einer weiteren Verzögerung der Projektrealisierung und schreckt andere Investoren von eigenen Initiativen ab. Dass Einzelne auf Windprojekte zum Teil einen so großen Einfluss ausüben können, kommentierte ein Interviewpartner ironisch mit den Worten: „Wir sind ein sehr demokratisches Land" (Interview van der Giessen, alle anderen Angaben zur Praxis der Genehmigungsverfahren beziehen sich im wesentlichen auf ein Interview mit van der Loo, der für dieses Thema bei der staatlichen Energieagentur Novem zuständig ist).

Nach Angaben des holländischen Wirtschaftsministeriums weichen die Planungszeiten in den Niederlanden erheblich von denen in vielen anderen Industrieländern ab. Gerade die Wartezeiten bei Umwelt- und Baugenehmigungen, so wird hervorgehoben, seien im Durchschnitt zwischen zwei und sieben Monaten länger als in anderen Ländern. In einem Vergleich von neun europäischen Regionen landete der Süden der Niederlande auf dem letzten Platz. Begründet wird dies auch von Ministeriumsseite aus mit dem Aufwand beim Ändern und Neuaufstellen von Plänen (Minez 2000: 173).

Die holländische Praxis der Genehmigungsverfahren ist in erste Linie ein Nachteil für Investoren im Windenergiebereich. Deshalb findet bei einigen von ihnen bereits eine Präferenzverschiebung zur Biomasse statt. Auch diese Anlagen müssen sich zwar dem einschlägigen Verfahren unterziehen. Dabei wird vor allem darauf geachtet, ob sie die zulässigen Emissionsgrenzwerte einhalten. Insgesamt wird für sie aber sehr viel schneller und unproblematischer grünes Licht gegeben. Akzeptanzprobleme hat es gleichwohl in Einzelfällen gegeben. Ein Beispiel dafür ist der Bau einer Biomasseanlage in Apeldoorn, die mit dem Abfall einer Geflügelfarm angetrieben werden soll. Diese mit Kraft-Wärme-Kopplung arbeitende Anlage soll die Hauptenergiequelle für eine so genannte Ecofactorij, ein „Null-Kohlendioxid-Emissionen Industriegebiet" sein. Dieses Projekt wird vor Ort von einigen gesellschaftlichen Gruppen bekämpft. Sie bemängeln, dass damit unter dem Siegel grüner Energie ein Bestandsschutz

für eine industrielle Agrar-Fabrik geschaffen und der Übergang von der Massentierhaltung zu einer ökologischen Landwirtschaft ausgehebelt werde (de Vries 2001b: 40ff.).
Eine Restriktion beim Bau von Solaranlagen ist zum 1.1. 2002 entfallen. Bis dahin mussten die so genannten Welstands entsprechende Installationen bei Altbauten billigen und entscheiden, ob sich dadurch der Charakter des Gebäudes zu stark verändert. Welstands sind kommunale Komitees, die bei baulichen Veränderungen zustimmen müssen. Solaranlagen sind jetzt allerdings gesetzlich von dieser Zustimmungspflicht befreit worden. Auch in der Vergangenheit hat dies faktisch nur selten zur Ablehnung geführt, ist aber vielfach als Schikane und psychologische, weil einen weiteren Aufwand darstellende, Hürde empfunden worden (Interview Jansen-Lammerts).

6.2. Fehlende langfristige Sicherheit für Investoren

Unsicherheit über die Dauer des Bestandes des gegenwärtigen Fördersystems ist in der Mehrzahl meiner Interviews als eine der wichtigsten Restriktionen genannt worden. Selbst die staatliche Energieagentur Novem spricht in diesem Zusammenhang von einer Politik, die „complex and sometimes confusing“ sei (Kwant/Ruijgrok 2001: 12). Zwar kann die niederländische Ökosteuer auf der einen Seite als eine attraktive Unterstützung für erneuerbare Energien bezeichnet werden. Während aber etwa in Deutschland das Erneuerbare-Energien-Gesetz Investoren eine Sicherheit über 20 Jahre gibt, sind in Holland Änderungen von einem zum nächsten Jahr möglich. Jüngstes Beispiel dafür war die Kappung der Ökosteuerbefreiung für Strom aus Wasserkraft, die bis dahin für Anlagen bis zu einer Größe von 15 Megawatt, die nach 1985 gebaut wurden, gewährt worden war. Diese Ausnahme ist zum 1.1. 2002 gestrichen worden. Dies erfolgte im Zusammenhang mit der Ausweitung der Ausstellung von grünen Zertifikaten auch für importierten Ökostrom zum gleichen Datum. Die holländische Regierung wollte mit diesem Schritt verhindern, dass Strom aus bereits abgeschriebenen Wasserkraftanlagen importiert wird. Dies würde, so wurde argumentiert, eine Verschwendung von holländischen Steuergeldern darstellen.
Die Partei Groen Links stimmte im niederländischen Parlament gegen diese Neuregelung. Die Abgeordnete Vos begründete dies vor allem damit, dass die Regierung ihr Image beschädigen und als ein unzuverlässiger Partner dastehen würde. Besonders heftige Kritik kam auch vom Energieversorger Nuon, der in den Niederlanden Marktführer im Bereich der Wasserkraft ist. Noun verkaufte im Jahr 2000 600 GWh Strom aus Wasserkraft (0,5 Prozent seines gesamtes Elektrizitätsabsatzes), davon wurden 350 GWh importiert. Die Leiterin der Abteilung für erneuerbare Energien, Goedmakers, sagte, statt einer solchen pauschalen Streichung wäre es besser gewesen, einen Stichtag einzuführen. Dann wäre ein Anreiz für den Neubau von Anlagen erhalten geblieben. Nuon hat in den vergangenen Jahren unter anderem in Projekte in Frankreich und

Portugal investiert. Die neue Regelung, so kritisiert Goedmakers, würde den Import von Biomasse begünstigen, die im Vergleich zur Wasserkraft weniger umweltfreundlich sei (New Energy 6/2001: 46f., Martin 2001: 45f.).

6.3. Weitere politische Restriktionen

Das nachfrageorientierte niederländische Fördermodell für erneuerbare Energien begünstigt die vergleichsweise kostengünstigen Biomasse und Windkraft und benachteiligt Solarstrom. Da Elektrizität aus Photovoltaik erheblich teurer als aus Biomasse und Windkraft ist, bleibt Solarstrom bei den meisten Ökostromangeboten außen vor oder wird nur in einem symbolischen Umfang, zum Beispiel in Höhe von einem Prozent, aufgenommen. Diese undifferenzierte Förderpolitik, die alle erneuerbaren Energien trotz ihrer verschiedenen Kostenstruktur gleich stellt, wird von Lobbyisten aus der Solarbranche als ein zentraler Nachteil betrachtet. Neidisch geht in diesem Zusammenhang der Blick nach Deutschland, wo die Photovoltaik eine Einspeisevergütung von 0,51 Euro erhält, was fast sechsmal so hoch wie die deutsche Vergütung für Windstrom ist. Ferner ist in einigen Interviews die Importmöglichkeit für grünen Strom und die partielle Akzeptanz von Elektrizität aus Müllverbrennungsanlagen als Ökostrom kritisiert und als Hemmnis für die inländische Entwicklung von „sauberer" grüner Energie bezeichnet worden. Andere Gesprächspartner haben hingegen argumentiert, dass die Niederlande noch so weit von ihren Zielsetzungen entfernt seien, dass dennoch ein unverändert hoher Ausbaudruck bestehe.
Uneinigkeit besteht auch in der Einschätzung, ob die administrative Verantwortung von erneuerbaren Energien im Wirtschaftsministerium als eine Hürde betrachtet werden kann. Dies hängt stark vom Standort des befragten Akteurs ab. Umweltverbände haben naturgemäß engere Kontakte zum Umweltministerium und würden eine Ansiedlung dort bevorzugen. Sie glauben, dass dort weniger die wirtschaftliche Effizienz als der ökologische Nutzen im Vordergrund stehen würde. Da es im Umwelt- anders als im Wirtschaftsministerium durchaus Präferenzen für eine Einspeisevergütung nach deutschem Vorbild gibt (was im Kabinett freilich noch durchgesetzt werden müsste), würde bei einer veränderten administrativen Verantwortung die niederländische Politik zur Förderung erneuerbarer Energien möglicherweise tatsächlich anders ausfallen.
Darüber hinaus ist wiederholt in Gesprächen bemängelt worden, dass es die niederländische Politik über Jahre nicht verstanden habe, nationale Zielsetzungen mit regionaler und lokaler Ebene abzustimmen. Dies entspricht auch dem Bild von den Niederlanden als einem Land, in dem föderale Strukturen nur schwach ausgeprägt sind. Diese top-down Orientierung ist ein Nachteil für die vornehmlich dezentralen erneuerbaren Energien. Schon 1991 hat die Regierung versucht, gegen zu steuern, indem sie mit den sieben windreichsten Provinzen eine Vereinbarung zum Bau von Windkraftanlagen in der Größenordnung von 1.000 Megawatt geschlossen hatte. Weil die Provinzen

keinen größeren Einfluss auf den Planungsprozess haben und die Kommunen in die Übereinkunft nicht mit einbezogen wurden, scheiterte jedoch diese Initiative (Hofman/Marquart 2001: 200, Minez 1997: 37). Im Jahr 2001 hat es einen erneuten Versuch des Wirtschaftsministeriums gegeben, mit den Provinzen zu vereinbaren, einen bestimmten Beitrag zum Ausbau der Windenergie zu leisten. Diese Wind-Vereinbarung (BLOW) sei der letzte Versuch des Ministeriums gewesen, die subnationale Ebene auf freiwilliger Basis zu mehr Engagement zu verpflichten, wurde mir gesagt (Interview van der Heul). Allerdings hatten die beiden wichtigsten teilnehmenden Provinzen, Friesland und Noord-Holland, ihre Unterschriften mit einer Ausstiegsklausel für den Fall des Scheiterns des Afsluitdijk-Projekts verbunden. Nachdem dies, wie weiter oben geschildert, der Fall war, fühlen sie sich nicht mehr an die Verabredungen gebunden (Interview Verbong).

6.4. Geografische Hürden

Die natürlichen Voraussetzungen in den Niederlanden können in Bezug auf die Nutzung von erneuerbaren Energien als vergleichsweise ungünstig bezeichnet werden. In den Niederlanden leben 380 Menschen auf einem Quadratkilometer. Die Bevölkerungsdichte zählt damit zur dritthöchsten in der Welt (Fischer Weltalmanach 1998: 531). Angesichts des knappen Raums konkurrieren Windenergieanlagen, wie in Interviews mehrfach gesagt wurde, etwa mit der Landwirtschaft (der eingeleitete sukzessive Umstieg auf den ökologischen Landbau wird den Platzbedarf noch weiter erhöhen). Allerdings erscheint hier eine Verknüpfung beider Interessen möglich, gerade was die energetische Nutzung von Biomasse angeht. Schwerer wiegt schon das Bedürfnis nach freiem Raum für die Naherholung und dem bereits angesprochenen spezifisch holländischen Anspruch eines freien Blicks auf den Horizont.
Zum knappen Raum, der vor allem für Windenergieanlagen ein großer Nachteil ist, gesellt sich bei Wasserkraftanlagen das geringe Potenzial: es gibt nur wenige für die Wasserkraftnutzung geeignete Fließgewässer in den Niederlanden. Während andere Länder wie Österreich von der Natur mit Bedingungen gesegnet sind, die es ihnen möglich macht, einen Großteil ihres Stroms auf diesem Weg zu erzeugen, wird die Wasserkraft in Holland immer im Promillebereich verharren. Durch die nördliche Lage ist auch die Sonneneinstrahlung in den Niederlanden nicht so, dass von einer günstigen geografischen Ausgangssituation gesprochen werden könnte, wenngleich sie zumindest etwas höher als in Deutschland ist. Auch das Biomassepotenzial (Reststoffbiomasse und Energieplantagen) ist in den Niederlanden im Vergleich eher niedrig (vgl. Espey 2001: 212).

Tabelle 15: Installierte Windenergieleistung und Bevölkerungsdichte Ende 2000 (Quellen: Website BWE, Fischer Weltalmanach 2001).

Land	**Installierte Kapazität (MW)**	**Einwohner pro km^2**
Austria	79	97
Belgium	13	335
Denmark	2.364	124
Finland	38	15,3
France	62	108
Germany	6.113	230
Greece	226	80
Ireland	129	53
Italy	427	191
Luxembourg	15	167
Netherlands	**449**	**381**
Portugal	99	108
Spain	2.538	78
Sweden	241	19,7

In bezug auf das Verhältnis von Erfolgen bei der Windenergienutzung und der Bevölkerungsdichte kann allerdings relativierend angemerkt werden, dass es, wie Tabelle 14 zeigt, auch Länder mit einer hohen Bevölkerungsdichte gibt, die Erfolge auf diesem Feld vorweisen können (Beispiel Deutschland).

Neben den vergleichsweise ungünstigen natürlichen Voraussetzungen wird der Modernisierungsdruck hinsichtlich eines forciertes Ausbaus erneuerbarer Energien durch die Verfügbarkeit von Gas reduziert. Prognosen zufolge wird der ohnehin bereits hohe Gasanteil an der holländischen Stromerzeugung noch weiter steigen. Insgesamt belaufen sich die niederländischen Gasreserven nach Schätzungen von 1999 auf 1.836 Milliarden Kubikmeter. Bei gleichbleibendem Verbrauch würde dies noch für rund 25 Jahre reichen (IEA 2000: 70, Minez 2000b). Damit kann eine mögliche Erfolgsbedingung erneuerbarer Energien, die kurzfristige Endlichkeit des wichtigsten fossilen Energieträgers in den Niederlanden, nicht konstatiert werden.

7. Perspektiven und Erfolgsbedingungen erneuerbarer Energien in den Niederlanden

Die Niederlande haben bei der Nutzung erneuerbarer Energien im europäischen Vergleich bislang insgesamt keine führende Rolle eingenommen. Trotz der skizzierten Fülle an Restriktionen sehe ich einige Anzeichen für einen möglichen Aufholprozess. Zur wichtigsten Erfolgsbedingung könnte ein gewisser Systemwechsel bei der Nutzung erneuerbarer Energien werden: von einer vorwiegend dezentralen zu einer stärker zentralen Anwendung. Eine solche Nutzung ist besser mit dem seit mehr als einem Jahrhundert dominierenden Belief System einer zentralisierten Stromproduktion in Großkraftwerken vereinbar und wird daher von wichtigen ökonomischen und politischen Akteuren stärker unterstützt als lokale Anwendungsformen. Den Beleg für eine Kompatibilität erneuerbarer Energien mit dem auf große Einheiten beruhenden Elektrizitätssystem sehe ich in Form von zwei Entwicklungen: zum einen in der zunehmenden Mitverfeuerung von Biomasse in Kohlekraftwerken. Wie bereits dargestellt, wurde eine Vereinbarung zwischen Regierung und Kraftwerksbetreiber getroffen, nach der Kohlekraftwerke bis zum Jahr 2010 durch die Mitverfeuerung von Biomasse ein vergleichbares Emissionsprofil wie Gaskraftwerke aufweisen müssen. Im Vergleich zu 1990 sollen die Kohlendioxidemissionen aus Kohlekraftwerken damit innerhalb von 20 Jahren um 40 Prozent sinken. Im Gespräch mit dem Biomasse-Dachverband wurde die Erwartung geäußert, dass diese Kohle-covenant einen Durchbruch für die Entwicklung der Biomasse in den Niederlanden darstellen wird (Interview Arninkhof).

Zum anderen könnte mit der Offshore-Windenergie die bislang eher enttäuschende Entwicklung bei der Nutzung der Windenergie umgekehrt und auf diesem Weg im großen Maßstab Strom produziert werden. Nach einer Studie von Greenpeace verfügen die Niederlande über ein enormes Potenzial in diesem Bereich. Laut der Umweltschutzorganisation könnte in Holland 180 Prozent des gegenwärtigen Stromverbrauchs durch Windenergieanlagen auf dem Meer produziert werden. Zum Vergleich: in den angrenzenden Ländern Belgien und Deutschland liegt der Wert bei 38 bzw. 55 Prozent (Greenpeace 2000).

Im April 2001 hat das niederländische Kabinett die Weichen für eine geplante Offshore-Windfarm vor dem nordholländischen Badeort Egmond aan Zee, rund elf Kilometer von der Küste entfernt, gestellt. Dies soll ein Pilotpark mit einer Kapazität von rund 100 Megawatt werden. Mit dem Kabinettsbeschluss ist auch eine Subventionszusage durch die Regierung verbunden: den Investoren soll ein Zuschuss von rund 27 Millionen Euro gezahlt werden. Drei Konsortien bemühten sich um den Zuschlag: Zur Gruppe Nordzeewind zählen Nuon und Shell, North Sea Wind Power gehören unter anderem Essent und Siemens Nederland an, Mitglieder der E-Connection-Gruppe sind der ABB-Konzern und Vestas. Den Zuschlag bekam Ende März das Noordzeewind-Konsortium – eine

der letzten Entscheidungen der Regierung von Wim Kok vor ihrem Rücktritt. Shell Wind/Energy und Nuon wollen 36 Maschinen vom Typ Dowec mit einer Leistung von je 2,75 Megawatt ins Meer setzen. Mit der Baugenehmigung wird Ende 2002 gerechnet. Allerdings könnte dieser Zeitplan durch Klagen der unterlegen Bietergruppen und einer Beschwerde der Stichting Duinbehoud, einer Initiative für Dünenschutz, noch ins Wanken geraten.
Neben der Planung für den Windpark vor Egmond aan Zee ist hervorzuheben, dass das niederländische Energieforschungszentrum an der Entwicklung einer fünf bis sechs Megawatt leistungsstarken Offshore-Maschine arbeitet, die ab 2003 im ECN-Testfeld im Wieringermeer, einem Polder im Ijsselmeer, getestet werden soll. Wenn alles gut geht, könnte diese Anlage nach einem Jahr abgebaut und im Offshorepark Egmond aan Zee wieder aufgebaut werden (Neue Energie 5/2001: 26ff., 5/2002: 130).
Neben der Kompatibilität erneuerbarer Energien mit dem dominierenden Belief System einer auf große Einheiten beruhenden Elektrizitätswirtschaft sehe ich eine zweite Erfolgsbedingung in der Stärke umweltpolitischer Akteure und dem großen Umweltbewusstsein in der niederländischen Gesellschaft. In ihrer Länderstudie zu den Niederlanden im Jahr 2000 hob auch die Internationale Energieagentur die „willingness to pay higher prices for renewables" hervor (IEA 2000: 46). Das rasante Wachstum im Absatz von grünen Stromangeboten hat diese Einschätzung bestätigt. Das Problem in den Niederlanden besteht nicht in der Nachfrage, sondern in der Möglichkeit, diese angesichts der dargestellten Restriktionen (Praxis der Genehmigungsverfahren etc.) mit Inlandsstrom befriedigen zu können. Ein wichtiger Schritt für die Entwicklung in den Niederlanden dürfte auch die Verabschiedung der EU-Richtlinie zur Stromerzeugung aus erneuerbaren Energien im Oktober 2001 gewesen sein. Diese schreibt den Holländern vor, ihren Ökostromanteil bis zum Jahr 2010 auf neun Prozent zu steigern. Dies entspricht fast einer Verdreifachung innerhalb eines Jahrzehnts. Wie bereits ausgeführt, wurde in meinen Interviews deutlich, dass diese Vorgabe, auch wenn sie nur einem Referenzwert ohne bindenden Charakter entspricht, von den handelnden Akteuren sehr ernst genommen und als zentrale Bezugsgröße betrachtet wird.
Die Kompatibilität mit dem dominierenden Belief System, das öffentliche Bewusstsein und die EU-Richtlinie könnten die Entwicklung erneuerbarer Energien kurz- und mittelfristig stimulieren. Erst in langfristiger Perspektive dürfte ein vierter Faktor zum Tragen kommen: die Endlichkeit des heimischen Energieträgers Gas. Die Internationale Energieagentur prognostiziert, dass der Gasanteil an der holländischen Stromerzeugung zunächst noch weiter steigen wird. Bei gleichbleibendem Verbrauch würden die holländischen Reserven noch für rund 25 Jahre reichen (IEA 2000: 70). Wenn das Ende der Gas-Förderung in greifbare Nähe rückt, in 15 bis 20 Jahren, dürfte es in den Niederlanden eine Diskussion über Diversifizierung, Energieeinsparung und erneuerbare Energien geben, die alle bisherigen Debatten in den Schatten stellt.

8. Literaturverzeichnis

Alblas, Wilfred (1997): Energy and Fiscal Reform in the Netherlands, in: OECD: Applying Market-Based Instruments to Environmental Policies in China and OECD Countries, Paris, S. 153-168.

Arentsen, Maarten J./Hofman, Peter S./Marquart, Edwin (2000): Development of CHP in the Netherlands 1974-1998, Enschede.

Arentsen, Maarten J./Dinica, Valentina (2001): Green Electricity in the Netherlands. Centre for Energy and Environment at the Norwegian School of Management, Unit for Electricity Studies, Rapport/Report No. 2/2001, Sandvika.

Arentsen, Maarten J./Fabius, Jan Willem/Künneke, Rolf W. (2001): Dutch Business Strategies Under Regime Transition, in: Midttun, Atle: European Energy: Industry Business Strategies, Oxford, S. 151-194.

Arentsen, Maarten J./Künneke, Rolf W. (2002): Dilemmas of Duality: Gas Market Reform in the Netherlands, Enschede/Delft, unveröffentlichtes Manuskript.

Bergius, Susanne (2001): Per Vertrag zum Energiesparen – Niederländer sind Vorreiter im Umweltschutz, in: Jahrbuch Ökologie 2002, S. 250-254.

Brugge, R. ter. (1984): Nuclear energy in the Netherlands, ohne Ort.

Busch, Per-Olof/Jörgens, Helge (2002): Globale Diffusionsmuster umweltpolitischer Innovationen, Forschungsstelle für Umweltpolitik, FFU-Report (im Erscheinen).

CBS (2002): Press release "Energy use up again", 30 May.

Correljé, Aad F. (1998): Hollands Welvaren. De geschiedenis van een Nederlandse bodem schat, ohne Ort.

Correljé, Aad F./Odell, Peter R. (2000): Four decades of Groningen production and pricing policies and a view to the future, in: Energy Policy 28, S. 19-27.

De Vries, Eize (2001): Up in the air in The Netherlands. Eco-tax exemption for electricity from hydro power plants questioned, in: New Energy 6/2001, S. 46-47.

De Vries, Eize (2001b): Dutch city plans an "Ecofactirij". Environmentalists oppose the project because of a proposed poultry litter plant, in: New Energy 1/2001. S. 40-43.

DIW (2001): CO_2-Emissionen: Trendwende noch nicht in Sicht. Wochenbericht Nr. 45, S. 725-737.

Duijhouwer, Frans/de Wit, Bert (1996): Umweltforschung in den Niederlanden. Eine Zeitaufnahme, in: Jahrbuch Ökologie 1997, München.

Eberg, Jan (1997): Waste Policy and Learning. Policy Dynamics of Waste Management and Waste Incineration in the Netherlands and Bavaria, Utrecht.

ECN (1999): Renewable Electricity And Liberalising Markets. Phase 1: Inception Report. The REALM Research Group, March, Petten.

ECN (2000): Energy Market Trends in The Netherlands 2000, Petten.

ECN (2000b): Intracert: Inception Report. The role of an integrated tradable green certificate system in a liberalising market, December, Petten.

Eising, Rainer (2000): Liberalisierung und Europäisierung. Die regulative Reform der Elektrizitätsversorgung in Großbritannien, der Europäischen Gemeinschaft und der Bundesrepublik Deutschland, Opladen.

EnergieNed (2001): Energy in the Netherlands 2000, Facts and Figures, Arnhem.

Espey, Simone (2001): Internationaler Vergleich energiepolitischer Instrumente zur Förderung von regenerativen Energien in ausgewählten Industrieländern, Norderstedt.

Energy Policy Platform (2000): Climate Change: Solution in Sight. A Dutch Perspective, Delft.

Europäische Gemeinschaft (1997): Richtlinie 96/92/EG des Europäischen Parlaments und des Rates vom 19.12. 1996 betreffend gemeinsame Vorschriften für den Elektrizitätsbinnenmarkt, Amtsblatt der EG Nr. L. 27/20, 30.1. 1997, Brüssel.

European Communities (2001*)*: Directive 2001/77/EC of the European Parliament and of the Council of 27 September 2001 on the promotion of electricity produced from renewable energy sources in the internal electricity market, Official Journal of the European Communities, 27.10. 2001, L 283/33.

Fischer Weltalmanach (1998): Zahlen, Daten, Fakten ´99, Frankfurt am Main.

Fischer Weltalmanach (2001): Zahlen, Daten, Fakten 2002, Frankfurt am Main.

Gales, B.P.A./Smits, J.P./Bisscheroux, R. (2000): Steenkolen, in: Stichting Historie Der Techniek: Techniek in Nederland in de Twintigste EEUW, Zutphen, S. 45-65.

Greenpeace (2000): North Sea Offshore Wind – A Powerhouse for Europe. Technical Possibilities and Ecological Considerations, Amsterdam.

Hanf, Kenneth/Gronden, Egbert van de (1998): The Netherlands: Joint regulation and sustainable development, in: Hanf, Kenneth/Jansen, Alf-Inge (eds.): Governance and environmental quality: environmental politics, policy and administration in Western Europe, Singapore, S. 152-180.

Hofman, Peter S. (2001): Biomass combustion for ´green' electricity supply. A case study of innovation at the Cuijk Biomass Fired Power Plant, Enschede.

Hofman, Peter S./Marquart, Edwin 2001: Electricity in Flux: Sociotechnical Change in the Dutch Electricity System, 1970-2000, Enschede.

Hohn, Hans-Willy/Schneider, Volker (1991): Path-dependency and critical mass in the development of research and technology: a focused comparison, in: Science and Public Policy, Jg. 18.

IEA (2000): Energy Policies of IEA Countries. The Netherlands 2000 Review, Paris.

Jänicke, Martin/Jörgens, Helge (2000): Umweltplanung im internationalen Vergleich. Strategien der Nachhaltigkeit, Berlin.

Johnson, Anna/Jacobsson, Staffan (2002): The emergence of a growth industry: a comparative analysis of the German, Dutch and Swedish wind turbine industries, Göteborg.

Joosen, Suzanne/Jager, David de (2001): Duurzame Energie in Nederland 2000, Utrecht.

Kleinfeld, Ralf (1997): Das Niederländische Modell. Grundzüge und Perspektiven einer Modernisierung des Sozialstaats. Studie im Auftrag der Enquete-Kommission „Zukunft der Erwerbsarbeit" des Landtags Nordrhein-Westfalen, Düsseldorf: Landtag NRW Information Nr. 12/492.

Kleinfeld, Ralf (2002): Verbände, Konkordanzdemokratie und Versäulung, in: Reutter, Werner/Rütters, Peter (Hrsg.): Verbände und Verbandssysteme in Westeuropa, Opladen 2001.

Knaap, W.A./Coenen, M.J. (1987): Exploration for oil and natural gas, in: Visser, W.A./Zonneveld, J.I.S./van Loon, A.J. (eds.) (1987): Seventy-five years of geology and mining in The Netherlands. Royal Geological and Mining Society of The Netherlands, The Hague, S. 207-229.

Kool, Robert P. (2001): Optimising the Energy Infrastructure in the Netherlands, January, Utrecht.

Kruijsen, J.H.J. (1999): Photovoltaic technology diffusion: contact and interaction, Delft.

Kwant, Kees/Ruijgrok, Walter (2001): Deployment of Renewable Energy in a liberalised energy market by Fiscal Instruments in the Netherlands, Utrecht.

Lagerwey (2002): Dutch innovation world-wide, Barneveld.

Lepszy, Norbert (1999): Das politische System der Niederlande, in: Ismayr, Wolfgang: Die politischen Systeme Westeuropas, Opladen, S. 331-364.

Ligteringen, Josee J. (1999): The feasibility of Dutch environmental policy instruments. Decreasing the environmental impact of households, Enschede.

Martin, Niall (2001): Hydro banned from green power imports, in: Windpower Monthly, November 2001, S. 45-46.

Mez, Lutz/Piening, Annette (2001): Ansätze und Erfahrungen mit Mengensteuerungssystemen in der Energie- und Umweltpolitik in den USA, den Niederlanden, Dänemark und Großbritannien, FFU-Report 01-04, Berlin.

Mez, Lutz (2002): Braucht Deutschland einen Megaplayer? Warum die Übernahme von Ruhrgas durch E.ON den Wettbewerb verhindert, in: Energiedepesche Nr. 2/02, S. 8-11.

Minez (1996): Third White Paper on Energy Policy 1996 - The Netherlands, The Hague.

Minez (1997): Renewable Energy – Advancing Power. Action Programme for 1997-2000, The Hague.

Minez (1999): Renewable Energy in progress 1999. Progress Report, The Hague.

Minez (1999b): 1999 Energy Report, The Hague.

Minez (2000): Benchmarking the Netherlands 2000. On the threshold of the new Millennium, The Hague.

Minez (2000b): Oil and Gas in the Netherlands. Exploration and Production 1999, The Hague.
Minez (2000c): Energy: the choice is yours, The Hague.
Morgan, Llewellyn A. (1944): The Dutch State Coal Mines. What Government Administration has Achieved, London.
Müller-Rommel, Ferdinand (1993): Grüne Parteien in Westeuropa: Entwicklungsphasen und Erfolgsbedingungen, Opladen.
Muysken, M. (1969): Nuclear energy in the Netherlands, Rotterdam.
OECD (1995): OECD Environmental Performance Reviews. Netherlands, Paris.
OECD (2001): OECD Energy Balances (CD-Rom 2001), Paris.
Reiche, Danyel (2002): Aufstieg, Bedeutungsverlust und Re-Politisierung erneuerbarer Energien, in: ZfU 1/2002, S. 27-59.
Reiche, Danyel (Ed.) (2002b): Handbook of Renewable Energies in the European Union. Case studies of all Member States, Frankfurt am Main.
Reiche, Danyel (2002c): Regierungsbeteiligung in Sicht?, in: Schrägstrich 04-05/02, S. 15.
Rüling, Anneli/Volkery, Axel (1999): Umweltplanung nach Rio. Niederlande, Österreich und Schweden im Vergleich, FFU-Report 99-1, Berlin.
Sabatier, Paul A. (1993): Advocacy-Koalitionen, Policy-Wandel und Policy-Lernen: Eine Alternative zur Phasenheuristik, in: Windhoff-Héritier, Adrienne (Hrsg.): Policy-Analyse. Kritik und Neuorientierung. PVS-Sonderheft Nr. 24, Opladen, S. 116-148
Schmidt, Manfred G. (1995): Wörterbuch zur Politik, Stuttgart, S. 718.
Schrama, Geerten J.I. (2000): Case Study: The semi offshore windfarms of Nuon, Enschede.
Schrama, Geerten J.I. (2001): Sustainable Banking at the Rabobank, in: Green, K./Groenewegen, P./Hofman, P.S. (eds.): Ahead of the curve. Cases of innovation in environmental management, Dordrecht, S. 77-91.
Shell Renewables (o.J.): Solar, London.
Shell Renewables (o.J.): Solar, Biomass, Forestry, Wind, London.
Smith, Ph.B./Spanhoff, R. (1978): The nuclear energy debate in the Netherlands, in: Bulletin of the atomic scientists, S. 41-44.
SNM (2000): Frisse Wind door Nederland. Hoe wekken we in Nederland windenergie op met respect voor natuur en landschap, Utrecht.
Staat/VEREBA/de Afvalverbranders en Novem (1999): Covenant Energie uit Afval, Moerdijk, 29 Juni.
Stadthaus, Marcus (2001): Der Konflikt um moderne Gaskraftwerke (GuD) im Rahmen der ökologischen Steuerreform, Diplomarbeit, download Website ffu.
Straaten, Jan van der (2001): Oil Refineries in the Netherlands, in: Binder, Manfred/Jänicke, Martin/Petschow, Ulrich (eds.): Green Industrial Restructuring, International Case Studies and Theoretical Interpretations, Berlin, S. 385-401.
Stuffken, J. (1987): Coal Mining, in: Visser, W.A./Zonneveld, J.I.S./van Loon, A.J. (eds.) (1987): Seventy-five years of geology and mining in The

Netherlands. Royal Geological and Mining Society of The Netherlands, The Hague, S. 153-160.
Tews, Kerstin (2002): Der Diffusionsansatz für die vergleichende Policy-Analyse. Wurzeln und Potenziale eines Konzepts – eine Literaturstudie, FFU-Report (im Erscheinen).
Tews, Kerstin/Busch, Per-Olof/Jörgens, Helge (2001): The diffusion of new environmental policy instruments, FFU-Report 02/1.
Theurer, Johannes (1979): Niederlande – Experimentierfeld der internationalen Atomlobby, in: Mez, Lutz (Hrsg.) (1979): Der Atomkonflikt. Atomindustrie, Atompolitik und Anti-Atom-Bewegung im internationalen Vergleich, Berlin, S. 198-213.
Traube, Klaus (1999): Niederlande, in: Mez, Lutz/Piening, Annette/ Traube, Klaus (1999): Was kann Deutschland hinsichtlich eines forcierten Ausbaus der Kraft-Wärme-Kopplung von anderen Ländern lernen, Düsseldorf, S. 59-71.
Van Bellegem, Theo (2001): The Green Fund System in The Netherlands, in: Bouma, Jan Jaap/Jeucken, Marcel/Klinkers, Leon: Sustainable Banking. The Greening of Finance, Sheffield, S. 234-244.
Van Est, Rinie (1999): Winds of Change. A Comparative Study of the Politics of Wind Energy Innovation in California and Denmark, Utrecht.
Van Splunter, Jacob Maarten (1994): Love at first sight: co-operation between the Netherlands and Norway on the peaceful use of atomic energy, 1950-1960, Oslo.
Van Tongeren, P.C.H. (1987): Renewed Interest in Coal, in: Visser, W.A./Zonneveld, J.I.S./van Loon, A.J. (eds.) (1987): Seventy-five years of geology and mining in The Netherlands. Royal Geological and Mining Society of The Netherlands, The Hague, S. 231-241.
Van Waarden, Frans (1992): Dimensions and types of Policy Networks, in: European Journal of Political Science 21, S. 29-52.
Verbong, G.P.J. (1999): Wind Power in the Netherlands, 1970-1995, in: Centaurus, vol. 41, no. 1-2, S. 137-160.
Visser, W.A./Heederik, J.P. (1987): Geothermal Energy, in: Visser, W.A./Zonneveld, J.I.S./van Loon, A.J. (eds.) (1987): Seventy-five years of geology and mining in The Netherlands. Royal Geological and Mining Society of The Netherlands, The Hague, S. 243-258.
VVAV (o.J.): From waste to clean energy, Utrecht.
Vereinigung Natuurmonumenten (o. J.): Naturschutz. Einsatz für ein lebenswertes Holland, Graveland.
Videm Communicatie (1993): Thermal solar energy in the Netherlands, Sittard.
Visser, Jelle/Hemerijck, Anton (1998): Ein niederländisches Wunder? Reform des Sozialstaates und Beschäftigungswachstum in den Niederlanden, Frankfurt am Main.
Von Beyme, Klaus (1980): Interessengruppen in der Demokratie, München.
Vorholz, Fritz/ Kurbjuweit, Dirk (1995): Die Wettermacher von La Truffe Noire; in: Die Zeit Nr. 13, S. 17-19.

Wiegman, Oene/Gutteling, Jan M./Cadet, Bernard (1995): Perception of Nuclear Energy and Coal in France and the Netherlands, in: Risk analysis Nr. 4, S. 513-522.
Wolsink, Maarten/Breukers, Sylvia (2000): Waddenzee, Afsluitdijk en windcentrale, in: Rooilijn. Tijdschrift voor Wetenschap en Beleid in de Ruimtelijke Ordering 5/02, S. 212-217.
Wolsink, Maarten (2000): Wind Power and the NIMBY-Myth. Institutional Capacity and the Limited Significance of Public Support, in: Renewable Energy 21, S. 49-64.
Wolsink, Maarten (1996): Dutch wind power policy. Stagnating implementation of renewables, in: Energy Policy, Vol. 24, No. 12, S. 1079-1088.
Wolsink, Maarten (1987): Kernenergie in de publieke opinie na Tsjernobyl, in: Milieu 4/87, S. 133-138.
Zijlstra, Jan Gerrit (1979): Networks in public policy: nuclear energy in the Netherlands, in: Social Networks.
Zuylen, E.J./Struker, A.H.M./Joosen, S./Blok, K. (1999): Renewable Energy Policy in the Netherlands up to 1997, Utrecht.

Websites

AER, www.xs4all.nl/~engels.html

AOO, www.pz.nl/aoo/engels/public_eng.asp

AWS, www.easyweb.easynet.co.uk/~friendly/wave.html

BWE, www.wind-energie.de

CBS, www.cbs.nl

DG Energie und Verkehr, www.europa.eu.int/comm/energy_transport/etif/energy_electricity/renewable.html

ECN, www.ecn.nl/main.html

Ecofys, www.greenprices.nl

EnergieNed, www.energiened.nl

FFU, www.fu-berlin.de/ffu/

FNV, www.fnv.nl

GCB, www.groencertificatenbeheer.nl

ISES, www.ises.org

Minez, www.minbuza.nl

Nea, www.nea.fr/html/general/facts.html

Newin, www.newin.tmfweb.nl/vereniging/body.htm

Niederländisches Parlament, www.parlement.nl/int/pardu/docs/pardu1.htm

PDE, www.pde.nl

Platform Bio-Energie, www.xs4all.nl/~pbe

RECS, www.recs.org

SER, www.ser.nl

Shell NL, www.shell.nl

TNO, www.tno.nl

VNG, www.vng.nl

Vrom, www.minvrom.nl

9. Experteninterviews

9.1. Gesprächspartner

Michel J.C. Arninkhof, Platform Bio-Energie, am 1.11. 2001 in Utrecht.
Susanne Agterbosch, Universiteit Utrecht, Faculty of Geographical Sciences, am 10.10. 2001 (zusammen mit Prof. Dr. Pieter Glasbergen).
Hans Bothe, TNO, per Email.
Dr. Ivo Bouwmans, TU Delft, Faculty of Energy and Industry, am 21.11. 2001 in Delft.
Theo de Lange, ECN, am 7.11. 2001 in Amsterdam.
Bart de Leede, Groenlinks, am 19.10. 2001 in Utrecht.
Eize de Vries, Medienbüro Rotation, am 10.10. 2001 in Amersfoort.
Raymond Frank, Gemeente Hengelo, am 24.9. 2001 in Hengelo.
Prof. Dr. Pieter Glasbergen, Universiteit Utrecht, Faculty of Geographical Sciences, am 10.10. 2001 (zusammen mit Susanne Agterbosch).
Dr. Annemarie Goedmakers, Nuon, am 2.11. 2001 in Arnhem.
Herman Huisman, AOO, am 8.10. 2001 in Utrecht.
Anja Jansen-Lammerts, Holland Solar, am 11.10. 2001 in Utrecht.
Suzanne Joosen, Ecofys, am 10.10. 2001 in Utrecht.
Ria Kalf, PDE, am 25.9. 2001 in Arnhem.
Mathieu A.J. Kortenoever, PAWEX, per Email.
Hans Kursten, Eneco, am 28.11. 2001 in Amersfoort.
Dr. Rolf W. Künneke, TU Delft, Faculty of Technology, Policy and Management, am 21.11. 2001 in Delft.
Kees Kwant, Novem, am 11.10. 2001 in Utrecht.
T.M.P. Lemmens, EnergieNed, am 4.10. 2001 in Arnhem.
Henk Leemreize, FNV, am 22.11. 2001 in Amsterdam.
Frans van der Loo, Novem, am 11.10. 2001 in Utrecht.
Saeda Moorman, Groenlinks, am 31.10. 2001 in Den Haag.
Huub Nijkamp, Twence Afvalverwerking, am 9.11. 2001 in Hengelo.
Sible Schöne, WWF, am 7.11. 2001 in Zeist.
Gijsbert Steenaert, GCB, am 3.10. 2001 in Arnhem (zusammen mit Cheryl Vianen).
Danker Struik, Cogas, am 1.10. 2001 in Almelo (zusammen mit Ron Ch. van Hutten).
G.E. Timmer, VVAV, am 8.10. 2001 in Utrecht.
Walter van den Wittenboer, SNM, am 1.11. 2001 in Utrecht.
Jack van Gestel, Essent, am 7.11. 2001 in ´S-Hertogenbosch.
Aat C. van der Giessen, FME-CWM, am 31.10. 2001 in Zoetermeer.
Willem van der Heul, Minez, am 19.10. 2001 in Den Haag.
Ron Ch. Van Hutten, Cogas, am 1.10. 2001 in Almelo (zusammen mit Danker Struik).

Jan H.C. van der Veer, ISES-NL, per Email.
Dr. G.P.J. Verbong, TU Eindhoven, am 6.12. 2001 in Enschede.
Cheryl Vianen, GCB, am 3.10. 2001 in Arnhem (zusammen mit Gijsbert Steenaert).
Dr. Maarten Wolsink, Universiteit Van Amsterdam, Amsterdam Study Centre For The Metropolitan Environment, am 22.11. 2001 in Amsterdam.
Dr. Gerrit Jan Zijlstra, PVE, am 4.10. 2001 in Arnhem.

9.2. Interviewleitfaden[33]

1. Please give me some general information about your organisation.
2. Please describe your function/the task of your department
3. What it is your main interest?
4. How do you participate in decision making in your country?
5. How do you evaluate your influence?
6. From your point of view, who are the most important actors in the field of renewable energies in the Netherlands?
7. How important is the national and the subnational (provincial, local) level?
8. Which were the most important changes for renewable energies in the Netherlands?
9. Which were the most important initiatives made by the government?
10. How would you describe the pattern of regulation?
11. Would you say that the actors simply adhere to some so-called 'belief systems' (if that is not known I give a verbal explanation)?
12. From your perspective, which are some of the obstacles for an increased use of renewable energies in the Netherlands?
13. Please describe the most effective success conditions from your point of view.
14. Can you give me any recommendations for important documents/literature?
15. Are there any possibilities to receive regular information from you?
16. Can you recommend any other possible interviewees?

33 Mit Ausnahme der Gespräche mit de Lange und Künneke, die in Deutsch statt fanden, wurden alle Interviews auf Englisch geführt.

10. Abkürzungsverzeichnis[34]

Akteure

ABB	Asea Brown Bovery
ABN	Allgemeine Bank der Niederlande
Amro	Amsterdam Rotterdam
AER	Algemene Energieraad
AOO	Afval Overleg Orgaan
ARP	Anti-revolutionaire Partij
ASN	Applicatie Support Nederland
BEOP	Bureau Energieonderzoek Projecten
CBS	Central Bureau for Statistics
CDA	Christen Democratisch Appél
CHU	Christelijk-Historische Unie
CNV	Christelijk Nationaal Vakverbond
CSTM	Center for Clean Technology and Environment Policy
CU	Christenunion
D66	Democraten 66
DG	Direction Generale
DIW	Deutsches Institut für Wirtschaftsforschung
DSM	Dutch State Mines
ECN	Energieoderzoek Centrum Nederland
EnergieNed	Federation of Energy Companies in the Netherlands
EPZ	N.V. Electriciteits-Productiemaatschappij Zuid-Holland
EU	Europäische Union
FFU	Forschungsstelle für Umweltpolitik
FME-CWM	Association of enterprises in the mechanical, metalworking, plastics, electronic and electrical engineering industries and allied sectors
FNV	Federatie Nederlandse Vakbeweging
GCB	Relatiebeheerder Groencertificatenbeheer
GE	General Electric Company
GL	Groenlinks
GPV	Reformierter politischer Verband
IEA	International Energy Agency
ING	Internationale Nederlandse Groep
ISES	International Solar Energy Society
KEMA	Keuring van Elektrotechnische Materialien

---

[34] Sofern es sich, was in der Regel der Fall ist, um holländische Kürzel handelt, habe ich auch die holländische Vollform aufgeführt. Wenn ich in einigen wenigen Fällen eine deutsche oder englische Übersetzung gewählt habe, so hängt dies mit meinen Quellen zusammen. Ich wollte mich in diesen Fällen nicht auf das Glatteis möglicherweise falscher niederländischer Aufschlüsselungen begeben.

KVP	Katholieke Volkspartij
LPF	Liste Pim Fortuyn
LSEO	Landelijke Stuurgroep Energieonderzoek
LN	Lebenswerte Niederlande
MEP	Environment, Energy and Process Innovation
MHP	Raad voor Overleg Middelbaar en Hoger Personeel
Minez	Ministry of Economic Affairs
NAM	Nederlandse Aardolie Maatschappij B.V.
NEA	Nuclear Energy Agency
NEOM	Nederlandse Energie Ontwikkelings Maatschappij
NEWIN	Nederlandse Windenergie Vereniging
Niod	Niederländischen Instituts für Kriegsdokumentation
NVV	Nederlandse Vakbond Varkenshauders
Novem	Netherlands agency for energy and the environment
NRG	Nuclear Research & Consultancy Group
OECD	Organisation for Economic Co-operation and Development
PAWEX	Vereniging Particuliere Windturbine Exploitanten
PDE	Projectbureau Duurzame Energie
PvdA	Partij van de Arbeid
PVE	Platform Versnelling Energieliberalisering
RCN	Reactor Center Netherlands
RECS	Renewable Energy Certification Scheme
REO	Raad voor het Energieonderzoek
RIVM	Rijkinstituut voor Volksgezondheid en Milieuhygiene
RPF	Reformierte politische Föderation
SEP	Samenwerkende ElectriciteitsProducenten
SER	Sociaal Economische Raad
SGP	Staatkundig Gereformeerde Partij
SNM	Stichting Natuur En Milieu
SP	Socialistische Partij
SPD	Sozialdemokratische Partei Deutschlands
SNM	Stichting Natuur En Milieu
TNO	Toegepast-Natuurwetenschappelijk Onderzoek
VBDO	Vereinigung von Investoren für eine nachhaltige Entwicklung
VEEN	Vereniging van Exploitanten van Electriciteitsbedrijven in Nederland
VEGIN	Vereniging van Gasdistributiebedrijven in Nederland
VEREBA	Vereniging Regulerende Energiebelasting Afvalverbranders
VESTIN	Vereniging van Exploitanten van Stadsverwarmingsbedrijven in Nederland
VNG	Vereniging van Nederlandse Gemeenten
Vrom	Ministerie van Volkshuisvesting, Ruimtelijke Ordening en Milieubeheer
VVAV	Vereniging van Afvalverwerkers

VVD	Volkspartij voor Vrijheid en Democratie
WWF	Wereld Natuur Fonds

Weitere Abkürzungen

AWS	Archemedes Wave Swing
BIP	Bruttoinlandsprodukt
BLOW	Bestuursovereenkomst Landelijke Onwikkeling Windenergie
CO_2	Kohlendioxid
CWD	Consultancy Services Wind Energy Developing Countries
Eds	editors
EPC	Energy Performance Coefficient
EPN	Energy Performance Standard (EPN)
EPR	Energy Premium Program
EVU	Energieversorgungsunternehmen
EWAB	Technology Program Energy from Waste and Biomass
FAZ	Frankfurter Allgemeine Zeitung
GFS	Green Funds System
GWh	Gigawattstunde
HAZ	Hannoversche Allgemeine Zeitung
IPW	Integriertes Windenergieprogramm
kW	Kilowatt
kWh	Kilowattstunde
KWK	Kraft-Wärme-Kopplung
MAP	Milieu Actieplan
$Miom^3$	million cubic metres
mln	million
MTOE	Mega Ton Oil Equivalent
MVA	Müllverbrennungsanlage
MW	Megawatt
MWp	Megawattpiek
NEPP	National Environmental Policy Plans
NIMBY	Not-In-My-Backyard
NN	Normal Null
NNM	Netherlands News Monitor
NOA	Nationaal Onderzoekprogramma Aardwarmte
NOW	National Research Program on Wind Energy
NO_X	Stickstoffoxide
NOZ	National Research Program on Solar Energy
OEI	Optimising of the Energy Infrastructure
PEV	Primärenergieverbrauch
PJ	Peta Joule
PV	Photovoltaik
REG	Regenerative Energien

RET	Regulating Energy Tax
SO_2	Schwefeldioxid
taz	die tageszeitung
TNU	Tax News Update
TOE	Ton Oil Equivalent
TU	Technische Universität
TWIN	Toepassing Windenergie in Nederland,
US	United States
USA	United States of America
VAMIL	Vervroegde Afschrijving Milieu-Investering Regeling
ZfK	Zeitung für kommunale Wirtschaft
ZfU	Zeitschrift für Umweltpolitik & Umweltrecht

Danyel Reiche (ed.)

Handbook of Renewable Energies in the European Union

In collaboration with Stefan Lange, Stefan Körner, Mischa Bechberger and Graham Johnson

Foreword by Hermann Scheer

Frankfurt/M., Berlin, Bern, Bruxelles, New York, Oxford, Wien, 2002.
250 pp., fig., tab. etc.
ISBN 3-631-39309-1 · pb. € 29.80* / US $ 26.95 / £ 18.-
US-ISBN 0-8204-5955-0

This book is the first publication which offers an overview of the renewable energies situation for every Member State in the European Union. All 15 country studies have been carried out using the same format. At the beginning of each chapter/case study, a definition of renewable energies is given for the individual country. The starting position in energy policy and the main actors are then described. Next, the instruments for promoting renewable energies are shown and each section concludes with an analysis of current obstacles and conditions for future success. Apart from a comparison of case studies in the introduction, the book gives an overview of the renewable energy policy at the EU level. Finally, a service chapter at the end of the book informs the reader about the most important associations, websites, and journals pertinent to the subject matter.

Renewable energies in comparison – an analysis by Danyel Reiche · Renewable energies in the European Union · 15 chapters by different authors outlining the situation of renewable energies in each EU Member State · A service chapter informs about the most important journals, associations and websites

Kolibri 360 GmbH
Ferdinand-Jühlke-Straße 7
99095 Erfurt, Deutschland
produktsicherheit@kolibri360.de

Druck:
CPI Druckdienstleistungen GmbH
im Auftrag der
Kolibri 360 GmbH
Ferdinand-Jühlke-Str. 7
99095 Erfurt